台灣可以說不

——中國到死都打不下台灣的幾個理由

◎陳宗逸　著

前衛出版
AVANGUARD

Let Taiwan be TAIWAN

台灣國民文化運動
【新國民文庫】
出版緣起

　　當今台灣正處於政局不安與信念不定的局勢中，此實由於生長在台灣這塊土地的人民，對於台灣的認同與價值觀產生偏差現象。

　　本叢書的發行宗旨，在促進台灣人民的「台灣人意識」、啓發台灣人民「正向性的價值觀」，從而發展出嶄新的「台灣新文化」。使台灣人民散發出「台灣人的優越特質」，並以自己身為台灣人而感到驕傲，如此才能讓世界重視台灣與台灣人的存在。

　　要讓世界認同並重視台灣的存在，必須先由生長在台灣這塊土地的全體人民共同努力。因此我們也希望能影響台灣的年輕人，甚至是二十歲以下新世代，激發他們對台灣的熱情與衝勁，從而投身發展「台灣主體性與台灣人意識」的台灣新文化，以確立新的價值觀，導引台灣人塑造不認輸的自信與自立精神的文化。

新聞記者的重力

——序陳宗逸的「台灣可以說不」

　　過去在媒體當主管時，我經常要面談來應徵中級主管的新聞工作者。通常看完履歷表之後，我都會要求他們帶來出版的專書或是得獎的作品。大部分的人都是二者缺一，也有二者皆無的。我比較在乎的是，拿不出專業出版品的新聞工作者，如何能夠當一個中級主管？又如何能夠「專業領導」？

　　一個跑了十年新聞的記者，如果連自己採訪線上的專業知識都無法累積成一本像樣的作品，那表示他只是個「資訊抄錄員」，是靠這一行混飯吃的「新聞匠」，終其一生也只是個「新聞公務員」而已。有趣的是，現在檯面上的媒體高層就有不少這樣的人。

　　看到宗逸的「台灣可以說不」，很替他高興。雖然國防與軍事問題我所知有限，不過看得出他這本書，展現了他在這個領域的份量。二十

年前初識新聞先輩故張繼高先生時，他就期勉我，「記者應有自己的重力」。他這句話不僅鞭策著我必須在專業領域不斷上進，也成為我檢驗新聞後進是否用功的一個指標。

我知道宗逸除了是「軍事迷」，還是個「電影癡」。期待他在這本軍事專書之後，不久也能推出他的「影評專著」，讓社會各界領教「跨領域專業」新聞工作者的真正重力，也為低迷多年的台灣電影注入強心針。如此，他對台灣的貢獻會難以估量。

朱立熙

資深媒體人，東北亞問題專家

序2

1996年台海危機發生，我受邀到台北市政府前的「建國廣場」演講所，向一群勇敢的台灣人作演說，那是我初次見到陳宗逸，一位同是自願參與者的熱血青年。簡短交談間，他對於軍事工業與科技的豐富知識，隨即讓我留下深刻印象。

宗逸後來到全球防衛雜誌擔任記者，而我恰巧又是那家雜誌的專欄作家，這樣的緣分使我們更加了解彼此，也讓我認識到他不僅自身擁有厚實的國家安全知識，也與其他沈浸在相同興趣領域的年輕人有著密切聯繫。

宗逸是真心熱愛台灣的，因此才會如此關切著這片土地的安全議題，同時對於民進黨在2000年執政後的許多作為感到憂心忡忡，甚至失望。什麼樣的具體策略，能讓台灣變得更好？是我經常與他討論的議題。而我從宗逸那裡學習到不少，因此得知宗逸即將出版他的第一本書，我感到十分榮幸能為他寫出這段推介。

　　這本書所貫穿的，不但是作者本身的深度觀察，更有著正確的邏輯觀。書中部分段落，如「黃埔軍魂」和「MBA當國防部長」等部分，就一針見血地指出台灣現有的防禦困境。

　　我相信對於關心台灣國家安全的讀者來說，這會是一本十分具有教育價值的參考書籍。我誠摯且毫無保留的推薦予各位。

廖宏祥 2007年9月
前美國麥道航太公司（波音）工程經理

序 3

　　台灣長久以來即屬於潛在的軍事衝突區域，
對岸的中國是一個從不曾放棄用武力侵犯台灣的
惡鄰。在台灣被排拒於聯合國門外的情形下，爲
維護台灣自身安全、尋求和平，台灣必須依賴美
日安保條約等區域性軍事同盟，才能對台灣和平
提供最後的屏障。

　　然而，台灣本身的國防還有很大的成長空
間，宗逸這本書中亦一針見血地指出台灣現有的
防禦困境。台灣無論在國家政策及人民思維中，
目前尚沒有準備軍事作戰的決心，這才是台灣國
家生存最重要的關鍵。

　　如同樣接受美國的幫助，但南越亡國，而南
韓卻可存留。由此觀之，國家生存其實是取決於
人民與政府有沒有繼續打仗、保家衛國的決心。
宗逸非常惋惜民進黨執政後許多應做而未做的政
策與改革，有時感到憂心忡忡甚至失望。但其樂
觀的個性，又讓他提筆關心台灣的國家安全，不

懈地向主事者提出建議與針砭。

　　身爲宗逸作品的長期讀者，身爲沈浸在相同興趣領域的朋友，身爲他厚實國家安全知識的學習者，我慶幸能率先拜讀大作，也誠摯推介這本對國家安全深具參考價值的書籍。

　　　　　　　　李明峻　2007年9月

　　　　　　　　台灣國際法學會副祕書長

　　　　　　　　日本政經觀察家

自序

　　台灣面臨全世界最險惡的戰爭危險區域，卻也是世界少見，對於作戰準備渾然不覺的地方。這本書的書名，來自1989年由石原慎太郎（現任東京都知事）所寫的《日本可以說不》，希望藉著有朝氣的書名，找出台灣在險惡環境下所應具備的骨氣。

　　這本書並非軍事政治評論，也非單純的武器系統介紹比較或資料整哩，內容主要來自我十年來採訪軍事新聞的心得與觀察。

　　我不是一位學院出身的軍事戰略家，也不是學有專精航太武器系統工程師，我希望提供給讀者，這十年來所觀察到的軍事與戰爭趨勢，佐以一些道聽塗說的小道消息，給讀者一個粗淺的藍圖，能夠認識到未來的台海戰爭，究竟是什麼樣的面貌？我也相信，了解世界趨勢，應該比單純的軍力武器人力比較，要來得有意義。

　　書中所提到的重要裝備與趨勢，我都盡可能

附上原始譯名，讀者可以據此研究，自行尋找更詳細的參考資料。

這本書的完成略顯倉卒，書中所列僅爲事實眞相的微小部分，趨勢不斷改變，內容難免有所遺漏，希望讀者不吝指教。而在這本書完成之後，我要感謝這十年來，無處不在協助我採訪、了解問題的具名與不具名人士，也感謝幾位摯友不斷給我的刺激。更重要的，感謝家人與乃菁，在我困惑時給我的支持。

陳宗逸　2007年9月

目　次

序幕

在以台灣名義申請加入聯合國行動的加乘效果帶動之下，台灣內部支持台灣意識的民意，水漲船高。根據從2006年開始，經由政治大學、民進黨中央黨部等幾個民調機構調查的結果，認為「我是台灣人，不是中國人」的比例，竟突破74%的比例，一路向上攀升。

更耐人尋味的，是「在中國動武威脅下，依舊支持台灣獨立」的民意，也突破54%，這是民進黨執政8年以來，從未見到的台灣意識力量。

但是，在中國對台動武的威脅之下，台灣維持主權獨立地位的資本，究竟有多少？在台灣申請聯合國、2008台灣總統大選、北京奧運等重大事件影響下，中國對台動武的可能性，成為世界性關注的議題。

世界各國莫不把台灣海峽，視為潛在軍事危機最大的「熱點」之一。

中國侵犯台灣、台灣對抗中國武力威脅，這

十幾年來,世界各國有各種不同的假想與推估。台灣坊間從1995閏八月這種籤諱胡說,到數量龐大的軍事專家推理,各種版本、劇本與幻想充斥市面。

但是,在將台灣、中國,甚至美國、俄羅斯等國的武器軍火排排站,一樣樣分析,拿對戰雙方的人數排比,點指兵兵,甚至加上一點國際政治板塊推移的預估之外,這樣的戰爭劇本,是否真能「搔到癢處」?

講更白話一點,「戰爭真的是這樣打的嗎?」

台灣內部親中陣營,無限誇大「中國崛起論」,將中國歷年的自製與外購軍火,用無限上綱方式吹捧。而獨派陣營,則也有人用同樣的方法,吹捧台灣軍力,將武器性能排列評比一番,紙上談兵說起自己的判斷。要不,加上些科幻情節,電影劇情,統獨雙方的軍事專家,以此舌戰了非常長的一段時間。

只是,戰爭評估,真的可以這樣入門?

親中陣營,忽略了中國軍隊,在龐大規模面

貌之下，同時並存19世紀與21世紀的人與裝備。

而台灣軍隊不遑多讓，除了黨國法統陰影拖垮進步改革外，台灣長期缺乏國際交流經驗，不知世界趨勢為何？軍方長期政治意識型態掛帥的窠臼，無法進入現代資訊化管理的領域。

事實上，台灣與中國，都面臨同樣的尷尬。

21世紀的新式戰爭趨勢，即使連美軍也花了慘烈的成本，從1991年的波灣戰爭，一路繳學費到至今依舊無法止歇的伊拉克戰爭。

戰爭的面貌早就在改變了。台灣面對以小搏大的軍事衝突，人民是否已經做好準備？

一位擅長國際政軍分析的台灣頂尖學者跟我講，「台灣人，是全世界、甚至人類史上，有強烈獨立需求，卻最缺少戰爭認知與準備的民族」。

台灣人，要不就極度畏戰，用長久存在的投機性格談投降與妥協；要不就是感性掛帥，許多勇敢的獨派人士，也倡導要組義勇軍，拿槍上戰場保衛家園。

只是，戰爭的面貌就只是如此嗎？

面對中國的「紙老虎」，造假黑心至今不衰的風氣下，台灣人是否該好好觀察，戰爭的趨勢究竟已經進展到甚麼地方？

需要無限制的接受中國的武力威脅，而毫無辦法？

難道，在世界戰爭趨勢的改變之下，台灣人就沒有說不的權力？

至此，我們來看看，世界趨勢又是怎麼改變？台灣又已經有了哪些抗壓的資產？我們又要怎樣去認識未來的新戰爭面貌？中國能夠從19世紀的尷尬，直接強硬與這股趨勢為敵嗎？

我們開始從幾個有趣的小故事，一起試著揭開這層面紗，找出一點點真相。

近未來戰場

神祕演習

　　2004年11月，美軍低調神祕的在太平洋海域，進行一項前所未有的演習，演練一種以往沒有見過的攻擊戰術。從11月22日開始連續幾天，有300人次以上的海、空軍人員，共同參與這場叫做「終極之怒2005」（Resultant Fury 05）的演練，地點在太平洋司令部夏威夷島附近的海上靶場。

　　這次演習的規模不是很大，動員的機艦也不多，但是演習項目卻具有高度敏感性，這個演習，要首次用美國海、空軍現役的對地衛星導引精靈炸彈，炸射在行進中的船艦。這個演習雖然低調，卻引起周邊國家，特別是來自中國的高度關切。

　　「終極之怒2005」演習的科目，是美國軍方首度嘗試以長程轟炸機，攜帶衛星導引炸彈，配

合海面戰場管理科技，攻擊移動中船隻的破天荒演訓。長久以來，美軍長程轟炸機都以地面目標為攻擊設定主要範圍，對於海上目標攻擊，不常見用炸彈大規模實施，較常以對海飛彈施行。

因為海上環境瞬息萬變，用精密導引炸彈攻擊在海面上移動的船隻，在美軍海空聯合作戰的範圍中，還是少見的演練。

這次演習，美軍出動了駐紮在關島安德森空軍基地（Andersen AFB）的B-52同溫層堡壘式（Stratofortress）長程轟炸機，攜帶一種第一次用來船隻攻擊的「聯合直接攻擊彈藥」（JDAM, Joint Direct Attack Munition）精靈炸彈上面。

JDAM也是未來台灣空軍鎖定的攻擊武器。

原本用來管制中東廣闊沙漠，第一次被運用在海上的戰場管制機E-8C（聯合監視目標攻擊雷達Joint Surveillance Target Attack Radar System，J-STAR），也和E-3預警機一起配合，模擬攻擊在移動中的海上船隻。參與類似演練的長程轟炸機，還包括預計部署在關島的B-2匿蹤轟炸機，以及B-1超音速轟炸機。

　　根據美軍太平洋司令部的說法，這是美軍首次嘗試「結合目前最先進的戰場管制系統，將飛機、彈藥、雷達等系統全部資訊化鏈結在一起，以便應付瞬息萬變的戰場狀況」。

　　簡單的說，經過這次演習之後，美軍第一次具備在所有的天氣狀況、以及全天候攻擊海上移動目標的能力。不論環境怎麼變化，美軍都能在最短時間，部署最大量的轟炸機，針對太平洋上的船艦，以高度自動化與資訊化的管理科技，用廉價的衛星導引炸彈進行精確攻擊。

終極之怒演習，B-52轟炸機使用JDAM導引炸彈攻擊海上船團。（U.S.A.F）

雖然，少數注意到這個演習的媒體解讀認為，這是美軍為了防止恐怖分子來自海上攻擊美軍艦艇的一種預防演習，但是仔細分析此次演習的美軍裝備部署以及規模，說這是針對恐怖分子，實在有「大才小用」之譏。

「終極之怒2005」演習中，美軍使用可以進行長程「洲際」飛行的重型轟炸機，攜帶高精密的衛星連線精靈炸彈來對付海上船隻，動員的武力跨越美軍數個軍種，是太平洋空軍司令部2005年度最大的動員規模。

要動員這種規模的軍力去對付恐怖分子的海上小艇突襲，恐怕不是此次演習的重點。

根據演習公佈資料，這次用在演習中擔任移動「靶艦」的船隻，是排水量超過4,000公噸的新港級（New Port Class）LSD戰車登陸艦，如果「終極之怒2005」演習，美軍設定是為了恐怖分子攻擊，怎麼會拿這種軍團級登陸艦來進行演練？而環顧太平洋周邊國家，擁有4,000噸級以上重型艦艇，而且又是美國現階段潛在敵人的國家，除了中國，還有哪裡？

發揮所有想像力

　　美國前國防部長倫斯斐（Ｄｏｎａｌｄ　Ｈ. Ｒｕｍｓｆｅｌｄ），在2000年上任之後，第一時間就要求美軍太平洋司令部，「全面檢討西太平洋地區的美軍軍事部署與準備」，特別針對北韓與中國的發展，要求美軍幕僚單位「發揮所有想像力，將所有可能的狀況都納入推演，並且定出所有可能的因應之道」。

　　也因為倫斯斐的要求，美軍太平洋司令部將柯林頓時代，由1996年台海危機開始設定的台海作戰情境，進行重新檢討，提出新的作戰準備方案，4年之後進行實彈演練，此次的「終極之怒2005」演習，就是倫斯斐要求美軍重新想定台海衝突的因應方針，所進行的初步實彈驗證。

　　用空中攻擊沙漠車隊的戰場管理科技，美軍在伊拉克戰場實驗已久的即時管理與精準攻擊技術，在倫斯斐「發揮所有想像力」的一聲令下，成為未來因應台灣海峽緊急危機狀況時，先制打擊中國登陸船團的新創意。

美軍對台灣海峽局勢的自信與掌握，也在「終極之怒2005」演習中，得到驗證。

只可惜，這個演習，台灣軍方完全沒有進入狀況之內，關注者不多，反而中國軍方討論的聲音與研究非常豐富。

「終極之怒2005」演習共分二個階段，在第二階段之中，美國海軍還出動來自加州的F/A-18C/D大黃蜂（Hornet）戰機中隊，使用極少曝光的聯合視距外武器（Joint Stand-Off Weapon, JSOW）針對海上目標進行攻擊。

JSOW是一種比JDAM更先進的長程衛星導引炸彈，能夠讓美軍戰機在防空飛彈的威脅區外，就投放遠距炸彈進行攻擊。JSOW這種先進精靈武器，2007年台北航太展的現場，美商也大力向台灣推銷。

美軍太平洋司令部最新的對中國作戰準則，已經將利用視距外對地武器，攻擊中國軍方在港口裡面即將出發攻擊台灣的船團，視為「先制打擊」的手段之一，這是來自活躍於台北情報圈的美軍相關人士的確切消息。

　　這次運用大黃蜂戰機實驗視距外海面船隻攻擊，已經有強烈的針對性指向涵義。將在軍港集結的船團事先殲滅，用距外（Stand Off）戰術思考先制打擊的優越之處，是美軍從1980年代之後進行軍事改革，特別是「空陸戰」（Air Land Battle）戰略規劃時的核心思想，是第三波作戰的主流，這次也用到了台海情境。

　　第二階段的演習更加驚人，美國空軍B-2匿蹤轟炸機特別從密蘇里州內陸的空軍基地飛到太平洋靶場，配合來自海、陸、空與太空的四度空間戰場管理科技，這種新式的「網路中樞」（Network-Centric）通訊作業，讓B-2轟炸機花在尋找目標到攻擊目標的時間，大大的縮短。

　　這種作戰的特色，並不在武器的優越與否，而是美軍四度空間的大量情報資料即時（real time）傳輸，並且進行分析、整合，然後立刻進入「獵殺鏈」（Kill Chain）指揮架構，從蒐集情報到B-2轟炸機投下第一枚精靈炸彈摧毀目標，這一切無形的資訊戰力，都將美軍的龐大作戰能量彰顯出來，這也是世界各國少有能夠與美軍抗

衡能力的重要關鍵。

現代化作戰，或者說21世紀的戰場，武器是否精良，射得多遠？速度多快？數量有多少？都已經不是重點，你能夠將所有的武器全部連上電腦網路，用讓人咋舌的速度指揮你的武器進行迅速且精確的攻擊，這才是致勝之道。

沒有網路，一切免談。「終極之怒2005」演習，第一次証明了，美軍可以在太平洋展開這樣的戰略優勢，先進的、無形的戰場管理，以及低成本、低人力且高效率的攻擊，無人可抵擋。

軍事事務革命

資訊是作戰力量的一切，完善的管理才是致勝之道，這是美軍經歷20年的軍事事務革命，並且參與多場後冷戰國際衝突後，所體悟到的精髓。

美國總統布希執政的前4年，美國經歷了911事件、進攻阿富汗的反恐戰爭，以及2003年的伊拉克戰爭。美軍在這一連串歷史上罕見的軍事反

恐行動中，也根據整體國際新戰略，調整出新的改革方向，每一次的軍事行動，都讓美軍呈現出跨世代的變革，「以戰養戰」的突飛猛進，是「後布希時代」的美國國防部，將要面對的全新課題。

美軍從後柯林頓政府時代，在前任國防部長柯恩（William S. Cohen）的主導之下，就開始進行「軍事事務革命」（RMA），這個革命的內涵，主要是著重在對於美軍指管通情系統（C⁴ISR）聯合作戰能力的加強，因應資訊化第三波時代，將所有聯合作戰與資訊流通鏈結在一起。

這個時期的RMA，重點是更新美軍的老式武器裝備，花費大筆經費在更換具有「資訊流通」特性的武器，以及可以聯合作戰（Joint）特性的三軍通用武器，包括F-22A制空戰機、F-35聯合打擊戰機（JSF）、 RAH-66匿蹤戰鬥直升機（已中止）、DD-21次世代水面艦、資訊戰士（Land Warrior）等高單價裝備，也是RMA的核心指標。

在布希的支持下，前美國國防部長倫斯斐，要美軍針對台海戰場，「發揮所有想像力」。（U.S.DoD）

　　「終極之怒2005」使用來炸射中國登陸船團的精靈武器JDAM與JSOW，都是這個思考下的產物。Joint是美軍作戰能力的一切指標。

　　但是，在布希政府執政後，美國國防部因爲高漲不下的國防預算，開始針對RMA轄下所編列的高單價武器裝備，逐一檢討。

　　原本美國境內軍工業複合體大公司，對右派共和黨政府上台，抱持熱烈期待，認爲布希應該會像當年的雷根一樣，進行爲期將近10年的升高軍備蜜月期。

　　但是，布希政府4年執政期間，並沒有讓軍火公司如願以償，不只相當多的爭議性武器項目被逐一檢討、甚至減產、取消，2001年的911事件，更促使布希政府正式檢討RMA的整體施行效能。

　　911事件之後，美國國防部重新檢討建軍規劃，認為在21世紀的未來世界戰場中，美國將不會有太多的機會遇到「國與國」的入侵式戰爭，取而代之的是要進行無國界限制的反恐怖特種作戰、游擊戰以及非常規型的作戰（以就是俗稱的「超限戰」）。

在市場中出現的新產品

　　經過多年的檢討之後，前國防部長倫斯斐提出了美軍的「轉型」（Transformation），用來取代柯林頓時代的RMA。倫斯斐認為，未來美軍將面對的作戰環境，已經不是單單靠具有高科技與資訊化特性的昂貴武器裝備，就可以應付的了，美軍必須將改變的重點，放在「人」的身上。

　　簡單的說，倫斯斐認爲，美軍龐大的人力組織、指揮體系以及軍官士兵素質，都必須要進一步改變，才有希望。

　　2004年9月15日，美國國防部正式提出一份叫做「戰略構想框架——建立高層次作戰能力」的報告，提出了次世代美軍武力的構想。這個報告中，將美軍「人」的提升列爲「轉型」的第一要務。

　　《華盛頓郵報》分析，美軍的「轉型」計畫，就像是「在市場中出現的新產品」，這個報告強調，美軍不僅要準備三大領域的非正規作戰，還必須保持有限的「國與國戰爭」實力。

　　美軍要能入侵他國，擁有「擴展性目標」能力，並且能夠在佔領國國內保持1支20萬人規模的部隊，時間必須長達5年，並且很快在6個月期間，就可以在佔領國內訓練一支10萬人的地面武力。這個新構想，完全是針對美軍在伊拉克的遭遇，所量身訂作出來的。

　　不只是聯合作戰（Joint）概念很重要，「成本」也很重要，「效率」與「成本」是美軍近未

來作戰的兩大概念，面對美軍，中國對美軍的前衛作戰概念非常關注，各類分析科技條件的論文相當多，中國深知在資訊化作戰概念上，依舊與美軍處於半個世紀的距離。

對於美軍軍事改革的關注，不只在中國發酵，台灣方面也悄悄有所因應。據了解，針對美軍對伊作戰經驗，台灣軍方以及跨部會官員，都曾經祕密以私人身分赴伊拉克取經。

台灣軍方在這段期間密切的進行情資收集與評估，也有些成果，尤其是美軍戰法的改變，以及類似伊軍這種面對本身弱勢，與美軍進行最後一搏的各式戰術，台灣軍方都有在第一時間的觀察與了解。未來假定可能在台灣本土上演的城鎮作戰，就可以在伊拉克戰場獲得全新的經驗。

根據來自台灣軍方的消息，軍方在美伊戰爭的熱戰期間，每天不斷透過各種管道吸收情資，幾乎每天都開會針對戰爭過程，進行沙盤推演與情資綜合討論。總統府國安會，也在熱戰期間，每周進行跨部會聯繫會議，評估美伊戰事對於未來戰爭型態的影響。這些討論的結論，也都納入

了之後幾年的漢光演習電腦兵棋推演中。

復仇武器

謎樣的飛彈發射箱

2006年7月22日當天，基隆港威海營區開放，台灣海軍成功級巡防艦成功號（PFG-1101，隸屬澎湖馬公的海軍146艦隊）停泊在一旁，艦橋結構體艦舯平台原本裝置台灣自製雄風2型艦對艦飛彈發射箱的位置，多了共4個奇怪的大型飛彈發射箱，引起少數眼尖軍事迷的好奇，由於該地非軍事管制區，被外人任意拍照，少數照片在7月25日前後流通在網際網路上，甚至被大量轉載在中國境內的軍事論壇。

7月31日，《聯合報》將這個消息曝光，報導評論認為這個神祕飛彈箱裡面，應該是雄風3型超音速反艦飛彈，這種飛彈來自海軍從2003年開始提案的雄昇計畫，委託中科院研製，2006年編列預算，至2014年完成部署至少150枚。

雄風3型飛彈，技術原型來自中科院的「擎

天飛彈系統發展計畫」所完成的「近極音速巡弋
載具」，是台灣自製的第一種超音速反艦飛彈，
使用衝壓發動機（Ramjet）為推力，以超音速攻
擊敵艦，是制敵利器。

　　根據中科院透露給媒體的消息，台灣自力研
發的雄風3型超音速反艦飛彈，2005年，已完成
主要的測試，並且成功縮小體積，解決載具適型
的問題，中科院還宣稱可以裝配於擁有台灣自研
匿蹤設計的光華6號飛彈快艇上面，即將進入量
產，但是中科院這種極端樂觀的預期，還需後續
觀察。

擎天載具與雄風3型飛彈

2007年10月10日，軍方公開雄風3型飛彈。（by 王蜀岳）

　　超音速反艦飛彈與飛彈快艇的戰術運用，目前在世界各國還是相當新的領域，而中科院整合系統與彈體縮小的成果，也必須親眼實證才可成真。雄3飛彈出現在台灣大眾面前，只是時間的問題。

　　據了解，從原本超音速「擎天載具關鍵技術」（計畫名稱）研發計畫，驗證中科院生產衝壓發動機能力，已經完成。目前中科院是以「擎天近極音速巡弋載具」為新的計畫名稱，繼續發展「擎天飛彈」。也就是說，外界「俗稱」的雄3飛彈，台灣軍方可能已改定名稱，正名為「擎天飛彈」。

　　估計從2005年開始一直到2010年之前，是擎天飛彈的發展關鍵時期，台灣軍方編有大量預算支持中科院自力研發此種超音速飛彈。原本配備衝壓發動機的超音速飛彈，是歐美各國計畫用來進行「反艦」作戰的利器，利用超音速飛彈的高速與部分匿蹤性能，反制目前已經發展成熟的相位陣列雷達作戰系統（Phased Array Radar，也就是俗稱的「神盾」雷達）。

　　而台灣的擎天飛彈，是目前世界上除了俄羅斯、中國之外，即將進入服役階段的同等級武器，美國海軍還在試驗的土狼（Coyote）超音速反艦飛彈標靶載具（Supersonic Sea-Skimming Target, SSST 可進一步進行超音速反艦飛彈科技驗證），2004年7月才剛剛開始測試而已。

　　與俄羅斯與中國不同，台灣軍方不只將擎天飛彈視為反艦作戰利器，對付中國海軍2005年開始服役的170、171號2艘「中華神盾」艦，台灣還將擎天飛彈視為重要的「反制武器」，在整個飛彈計畫完成之後，軍方可以獲得起碼6枚以上的擎天飛彈以及發射組件，在緊急情況下進行「復仇作戰」，針對中國內陸目標進行超音速打擊。

　　也就是說，台灣的擎天飛彈，不只可以打海上目標，還可以攻擊地面目標，功能較俄羅斯與中國產品還要多樣。

最高機密　雄風2E巡弋飛彈

　　台灣軍方消息來源說，接近完成的擎天飛彈，並非目前中科院主力的研發項目，因為擎天技術已經成熟。目前台灣最終極的反制武器，還是外界俗稱「雄風2E」型的長程巡弋飛彈。

雄風2型反艦飛彈，是台灣復仇武器的重要基礎。（by 陳宗逸）

　　這種飛彈，是以中科院研發雄風2型反艦飛彈的技術為基礎，性能可能同於美軍的王牌－戰斧（Tomahawk）巡弋飛彈。

　　「雄2E」工程計畫難度相當高，但是從2000年開始的「雄2E」計畫，至2005年有初步成果，中科院已經可以製造出飛彈機動發射車、指揮射控通信車等機組，並且已經開始訓練相關人員，

進行實驗型飛彈的操作。

　　2008年，「雄2E」長程巡弋飛彈已進入實際
服役階段，即使數量稀少，但是將與擎天飛彈，
成為台灣「復仇」武器的2大支柱。

　　根據技術分析，成功艦上曝光的神祕飛彈
箱，也有可能配備更具敏感性的雄2E型長程巡弋
飛彈。部署在成功艦上的雄2E巡弋飛彈，未來還
可以配備在台灣海軍剛剛形成戰力的4艘基隆級
（紀德級）驅逐艦上面，成為台灣海軍的戰略嚇
阻基礎。

　　雄2E飛彈目前是台灣國防機密度最高的計
畫，外界好奇與猜測的理論很多。據說，陳水扁
總統2005年年底三合一選舉之後，已經親自檢閱
過雄2E飛彈在屏東九鵬基地的試射，只是未得到
官方證實。

　　中科院的雄2E巡弋飛彈，主要是以研發雄2
反艦飛彈的技術基礎，衍生出一種類似美國戰斧
巡弋飛彈的距外陸攻飛彈（Stand-off Land Attack
Missile, SLAM），據說射程高達1,000公里以
上，整個計畫到今天尚未公開，只有在2007年漢

光23號演習兵棋推演中，以「戰術性岸置火力制壓飛彈」（TSMFS, Tactical Shorebase Missile for Fire Suppression）這個極端削弱敏感度的奇怪名稱，短暫曝光過。

應急戰備任務

雄2E巡弋飛彈曝光後，美國立刻宣布售給台灣高達60枚的AGM-84L改良型魚叉飛彈，這種魚叉飛彈可以攻擊中國內陸目標，是美國海、空軍使用的「距外陸攻飛彈」簡化版，由此可見雄2E出現，對於台海戰略天平的重要影響。

中科院主導的雄2E飛彈，外界僅知代號為「雄評計畫」，其餘技術細節一無所知。由於長程巡弋飛彈，可以進行遠距的「外科手術式」精密打擊戰術，計畫敏感性遠高於超音速的雄3飛彈，是屬於具有國際政治敏感的「攻擊性」武器。

據了解，2005年陳水扁總統視察的雄2E飛彈試射，是屬於當年才開始少量生產的「地面試

射型飛彈組」，至今的數量起碼有4枚以上，國防部也已經選訓數批人員進入九鵬基地作業，從2003年就已經稍見端倪，不是機密。

而被外界忽略的，則是雄2E型飛彈計畫，還包括「海軍測試」的這個細節。根據來自軍方以及立法院的消息證實，在國防部的計畫中，雄2E型巡弋飛彈的海上測試，幾乎和九鵬基地的陸上測試作業，同一時間進行。

更關鍵的是，雄2E型飛彈在配屬給海軍進行測試作業的時候，也同時擔任「應急戰備任務」。簡單的說，成功艦上的神祕飛彈箱，如果是雄2E巡弋飛彈，則成功艦已經在2006年，配備巡弋飛彈進行「應急戰備任務」。

雄2E型巡弋飛彈的技術細節，外界長期以來相當好奇。包括飛彈的1,000公里射程，攻擊精確度，得到的衛星定位參數來源，以及飛彈配備的渦輪發動機等。其中，尤其是推進飛彈的渦輪發動機，究竟是中科院自己研發，亦或是由外國進口，相當耐人尋味。

雄2反艦飛彈的渦輪發動機，係由法國的航

太集團TURBOMECA公司進口，中科院自己無法研製飛彈渦輪發動機，這是公開的機密。台灣海軍在雄2飛彈服役之後，即使飛彈性能評價不錯，還是向美國進口大量魚叉（HARPOON）反艦飛彈使用，引起中科院頗多怨言。

據了解，海軍沒有全面配備雄2反艦飛彈，主要就是因為中科院的「產能不足」以及「品質不穩定」，而主要的問題在於飛彈的發動機。

由於雄2飛彈的發動機來源受制於法國，中科院有苦說不出。有趣的是，法商TURBOMECA公司，除了賣給中科院飛彈發動機之外，還將同款發動機售予中國，讓中國仿製法國飛魚飛彈（EXOCET）的C801/802型反艦飛彈使用，而中國甚至將這種飛彈進口給中東各國。

2006年黎巴嫩真主黨用中國進口C801反艦飛彈，攻擊以色列海軍的薩爾5型艾拉特級（Eilat CLASS）匿蹤飛彈巡邏艦，就引起世界震驚，讓西方驚覺中國武器大量出口的危機，而少有人知道的是，台灣的雄2飛彈使用同一家公司的渦輪發動機。

　　經過雄2飛彈的尷尬期之後，中科院如何自力研發雄2E型巡弋飛彈的發動機，世界各國都很好奇。

　　台灣軍工業界消息來源指出，由於雄2E巡弋飛彈的敏感身分，牽動國際政治板塊變動，台灣非常難取得長程渦輪飛彈發動機，雄2E巡弋飛彈，可能配備台灣國產的渦輪發動機，而幫中科院「萬劍彈」生產發動機的鯤鵬公司，極可能也由神祕管道，取得雄2E巡弋飛彈的渦輪發動機關鍵技術。

從天馬到天弓2C

　　除了巡弋飛彈之外，彈道飛彈（Ballistic Missile）也是台灣國防復仇武器計畫中，最敏感的一個環節。從幾年前媒體所揭露的「逖靖」（也有稱「狄青」）計畫，台灣自力發展中程地對地戰區彈道飛彈的內幕，就逐步的曝光。

　　這種從天弓2型防空飛彈所改良的地對地飛彈，稱為天弓2C（TK-2C）飛彈，也已經少量部

署在飛彈指揮部位於台灣北部某處的地窖式發射基地裡面，與同樣採取地窖發射管的天弓2型一起混合部署，射程與數量是高度機密，但是如果祕密部署到東引的天弓飛彈陣地裡面，可直接威脅到上海商圈。

台灣前國防部長李傑，祕密選訓飛彈專長軍官赴馬祖東引執行勤務，也在台北軍事情報圈，是公開祕密。東引已經成為台灣復仇武器的熱點。

台灣自己發展地對地彈道飛彈的歷史，其實比巡弋飛彈來得長遠。眾所周知，中科院曾經在冷戰時期，進行過青蜂飛彈以及天馬飛彈的研發。天馬飛彈多年來的機密解禁，以及相關研發人員離開中科院之後，內情已經曝光不少，甚至在中科院的對內刊物中，大剌剌被展示出來。

青蜂飛彈是一種類似前蘇聯蛙7式〈Frog 7〉砲兵飛彈，以及美國長矛〈Lance〉砲兵飛彈的戰區短程彈道飛彈，而研發之初，是為了台灣自製中程彈道飛彈的技術，進行儲備工作。

根據西方評論界的推測，青蜂飛彈的研發過

程受到以色列大量的技術支援。以色列擁有大量
的美國長矛飛彈，從以色列引進長矛飛彈彈體進
行回溯設計與仿製，是很合理的推斷。

青蜂飛彈之後，天馬飛彈的計畫幾乎隨即展
開。天馬飛彈原本的功能，打算用來搭配核子彈
頭，是蔣介石「反攻大陸」的祕密武器。冷戰時
代，天馬飛彈的存在都沒有被證實過，也是台美
之間高度敏感的國防議題。

中科院公佈的天弓運載火箭（圖右），技術由天馬飛彈而
來。左為雄3飛彈。（by 陳宗逸）

直到1999年中科院院慶，內部出版的紀念刊
物才首度將天馬飛彈曝光，證實這個計畫的存

在。根據中科院的「官方說法」，蔣經國在當初將天馬計畫主動喊停，主要壓力來自美國。

　　美國方面憂慮的不是飛彈本身，而是飛彈搭載的核彈頭。整個計畫喊停，和當初張憲義攜帶核彈發展資料逃亡美國，也有連帶關係。核彈頭研發告吹，天馬飛彈計畫也自然喊停。

　　根據軍方消息分析，天馬飛彈計畫停擺後，沒有預算可以編列來繼續維持，以往研發階段的試製品，雖然被保留下來，但是缺乏維護保修，所以台灣地對地彈道飛彈存有相當長時間的「空窗期」。

中央山脈深處的祕密

　　不過，這些「試製品」的天馬飛彈，數量總共12枚左右，以「地窖式」發射管的型態，部署在台灣中央山脈內部，預備將做為台灣「復仇武器」的最後防線之一。至於多年來沒有保修，這12枚試製飛彈是否依舊能夠操作，目前也不無疑問。

　　天馬飛彈共具有2節彈體，射程達到1,700公里，彈頭籌載量大，也是台灣後來自信可以開發「探空火箭」技術的基礎。只是經過多年來的停擺，詳細的研發是否有繼續下去，也行蹤成謎，加上國際政治環境的演變，天馬飛彈遂被體積小上許多的天弓2C型飛彈所取代。

　　歷經1996年台海軍事危機之後，軍方驚覺台灣缺乏自己的「攻擊性武力」，以往已經有研發經驗的天馬計畫，曾經被搬上檯面討論。天馬計畫當時實際上是否有被恢復，不得而知。

　　如果真的恢復，則不可能是由天弓飛彈修改而來，而是目前深藏在中央山脈的天馬飛彈原始構型，也就是說，天馬飛彈與天弓2C型飛彈，這2種彈道飛彈計畫，應該是不同的體系。

　　根據台灣軍方的原始構想，天馬飛彈的本來面目，是提供給台灣自己發射衛星的能量儲備，整個火箭包括2節火箭，射程可以高達1,700公里以上。之後利用這種衛星運載火箭，再修改為地對地的中程彈道飛彈。類似的研發模式，一般相信台灣是從以色列的飛彈工業取經而來。

　　因此，台灣早就已經擁有自己的地對地彈道飛彈工業，而且基礎深厚。具備實戰能力的12枚天馬飛彈，可以輕易的搭配「特種彈頭」，1,700公里左右的射程，可以有效的打擊上海到香港等戰略目標。

　　天弓2C彈道飛彈，搭配雄風2E型巡弋飛彈的研發，可見台灣軍方有計畫的同時進行「復仇武器」開發，模式很有二次大戰時期納粹德國同時進行V-1巡弋飛彈與V-2彈道飛彈計畫的味道（V也是德文Vergeltung「報復手段」的意思）。

天弓2型飛彈，已經被改良成天弓2C型地對地彈道飛彈。
（by 陳宗逸）

太平洋戰場

中國潛艇神祕失事

　　中國官方破天荒在2003年5月2日，宣佈解放軍北海艦隊的1艘編號361的明級（035型）傳統動力潛艇，在渤海海域失事，艦上70名官兵全部殉職。雖然資訊相當缺乏，但是以中國官方主動宣佈軍事災難的態度，箇中過程相當耐人尋味。

　　來自台灣海軍的消息指出，中國軍隊從2003年3月中旬至4月中，在渤海地區舉行陸海空三軍聯合軍事演習，主要動員以濟南軍區的部隊為主。而這個演習的時程，與361潛艇的失事有某些重疊的地方。

　　此外，演習地點，也恰巧在渤海海域。對於這次演習，台灣海軍方面透過特定管道，從頭到尾監控。也因此，361潛艇失事的時間與過程，也多在台灣海軍的掌握中，甚至是精確的時間點都非常準。台灣軍方確認，361潛艇失事的時

間，絕對不是中國方面發布的5月2日。

失事的明級361號潛艇，係中國在1970年代，將曾經仿造的前蘇聯R級（北約代號Romeo）傳統動力潛艇，進一步改型成功的第一艘國產潛艇。第一艘明級潛艇編號為233，1971年在武昌造船廠下水。

明級潛艇雖然設計為30年前的水準，但是因為龐大的數量，至今還是中國海軍潛艇部隊的最主要水下戰力。近年來改型、測試與外購的宋級（039/039A）、元級（041）、基洛級（Kilo Class）的數量都不多，且構型尚未穩定，戰力依舊未成熟。

根據台灣海軍的情報，由於中國潛艇造艦技術的問題，陸陸續續下水的明級潛艇，直到1983年才正式服役成軍。據估計，直到1998年，都還有新的明級潛艇下水，可見中國海軍依賴其之深。

1980年代中期，中國海軍開始研究明級潛艇的改良，1993年完成設計，1995年下水。情報顯示，包括初期型與改良型，目前服役的明級潛艇

最少有15艘，很可能高達19至20艘。據了解，此
次失事的361潛艇，就是1995年這一批改良型明
級的其中一艘，而失事的原因，也可能與這些近
年來的改良有某些關係。

明級潛艇出事，是中國海軍潛艇發展近幾年最神祕的事件，
圖中為明級潛艇編隊。

　　1995年開始出現的改良型明級潛艇，主要針
對現代水下戰爭所注重的隱密性、潛深、航程等
方面的性能進行全面提升，以彌補原本初期構型
性能的不足。這些改良的重點中，最重要的就是
潛艇水下航程的增加。

中國實驗AIP系統

目前全世界針對柴電傳統動力潛艇水下航程的改良，就屬各式的絕氣推進系統（Air Independent Propulsion, AIP）為最新潮流，最近台灣外購潛艇過程受阻，海軍內部還為了要不要採購AIP系統而有雜音。

潛艇要能在水底下待的久、跑的遠，才能具備更優秀的戰略價值。由於科技的侷限，能夠在水下長時間潛航的，只有具備核能動力的潛艇才行。目前世界上利用柴油發電的傳統動力潛艇，頂多在水下待二、三天，就必須浮上水面進行換氣，同時為電池充電。

所謂的AIP絕氣推進系統，顧名思義就是在「隔絕氧氣」的狀況下，讓傳統動力潛艇也可以擁有長時間水下潛航的功能。目前世界各國發展中的絕氣推進系統，主要有幾個領域已經成熟。

最知名的就是瑞典推出的絕氣與電池充電柴油引擎混合使用的史特林（Stirling）引擎，可以在水下待二個星期左右。另一種是以法國發展為

主的「閉式循環蒸氣渦輪發動機」（Close-Cycle Gas Turbine），屬於非主流。此外，就是目前被俄羅斯和德國廣泛採用的燃料電池系統。

據信，中國因為俄羅斯的技術，AIP推進的選擇應該就是燃料電池（Fuel Cell）。燃料電池的燃料是氫氣，氧化劑則為儲存於低溫容器中的液態氧，原理剛好和水的電解作用相反，亦即將氫與氧冷燃燒（Cold Combustion），之後產生電來供應潛艇。

中國在俄羅斯技術的協助之下，對燃料電池領域的研究，花下大批人力物力進行研發。根據中國官方宣稱，1998年中國「中船總公司」專研潛艇動力推進系統的712研究所，已經完成466型動力電池的設計，並且進入生產。這種燃料電池的推出，象徵中國國產AIP系統的領域，已經獲得重要的突破。

中國原本要將AIP推進系統，用在新一代國產宋級（039/039A型）傳統動力潛艇身上。但是1995年才開始下水測試的宋級，遭遇到許多方面的技術問題，性能相當不穩，目前下水的艦數約

5艘左右，不夠穩定。

因為宋級的問題不斷，中國海軍遂將AIP系統的研發與裝配實驗的任務，交給1995年與宋級同時下水的改良型明級潛艇。

無人知曉的潛艇災難

據各種技術資料的交叉研究，第一艘裝備AIP系統的改良型明級潛艇（可能是第20艘艦），已經在2000年下水，這一艘神祕的明級潛艇，比原本的艦身長2公尺，據推測就是用在AIP系統的實驗上。

根據推測，目前中國投入AIP測試的明級潛艇，數量與規模可能高於外界的想像。而這個測試，也與361潛艇的失事有關係。

中國軍方的媒體，近年常常釋放出類似「某型常規動力潛艇，日前再度破了中國海軍水下潛航時間的紀錄」的宣傳新聞。依照判斷，這種常規動力潛艇，應該就是裝配AIP系統的改良型明級潛艇。

　　而361艦是1995年才下水服役的改良艦，當然也可能列入裝配AIP系統進行長時間潛航實驗的潛艇之一。

　　台灣海軍消息認為，潛艇失事的時間應該早於4月28日，甚至是在濟南軍區4月中演習實施期間，很可能361潛艇的AIP系統出現問題，造成失事。此外，明級潛艇一般的人員搭載數目為57人，此次喪命的人員高達70名，另外的13人哪裡來的？

　　目前有二種說法：其一，多出的13人可能是為了AIP實驗而隨艦出行的研發相關人員；其二，有13名青島海軍潛艇學院的學員隨艦出海見習。不論是哪一種說法，代表此次361艦的航行，目的並不單純。

　　另一消息來源的技術研究認為，361艦早在4月2日就出事，卻一直到4月26日才被中國漁民發現，因為失事潛艇的潛望鏡露出水面。從失事的日期到獲救的日期算來，361艦可能是進行一項必須保持通訊靜默的任務，所以即使失事，中國海軍也渾然不知，或者即使知道出事，也一下子

找不到潛艇所在的位置。

　　長時間水下潛航、通訊保持靜默，除了測試AIP系統的性能，甚至以AIP的性能從事某種任務，可能性即呼之欲出。但是，如果出事原因和AIP實驗無關，也有另一種說法，這牽涉到中國海軍對於各式潛艇的分配的規則。

　　例如，北海艦隊面對強大的美國與日本海軍，所以配備高科技的核動力攻擊潛艇。東海艦隊針對台灣，所以搭配向俄羅斯購買的基洛級潛艇，以「舶來品」來嚇阻台灣。而1995年之後才下水服役的明級改良型潛艇，則面對局勢詭異的東南亞與南海諸國，必須具備長程運補能力，所以配署在南海艦隊。

　　裝備有AIP系統的361潛艇，有很大的可能性是屬於南海艦隊。

　　此次失事，極可能在2003年4月初或中旬發生，卻拖到4月28日左右才將潛艇拖回基地，中國海軍的水下救難能力，讓人好奇。目前東亞各國都有相互支援的潛艇聯合搜救計畫，一旦該區域有潛艇失事，各國基於人道援助都會就近予以

支援。台灣海軍與美國海軍也簽有合約，一旦出事即捐棄政治上的限制，立刻展開行動。

俄羅斯海軍庫斯克號（Kursk）潛艇災難，就因為事發之後俄羅斯遲遲不向西方國家求援，導致悲劇發生，後來才心不甘情不願讓美國海軍加入救難。中國海軍目前擁有3艘大江級的潛艇救難母艦，分別隸屬於北、東、南海三大艦隊，還有少數滬東、勘察、大浪、東修級等中、小型救難船，數量稀少。

中國擁有數目世界第一的潛艇部隊，救援能力卻有限，也不積極加入西方國家的潛艇救難聯合演習，一旦遭遇潛艇失事，傷亡就會超乎想像。

神祕的316潛艇事件，中國堅持自己救，拖了快1個月的時間才找到潛艇，這種成績也破世界紀錄，讓人咋舌。中國官方以「紀念殉難烈士」的媒體造神運動，轉移中國國內人民對於這件可能是有史以來最大潛艇災難關注的焦點，也可能因為當時的SARS風暴，中國人民無暇顧及潛艇失事的消息，所以事件過程不了了之。

但包括美、日、台等國的海軍，對於失事內情卻持續抱著高度關注，至今還有各種研究文獻出現。這個潛艇災難所可能透露出的，不但是中國海軍新一代水下推進系統的研發與測試內情，甚至牽涉到中國海軍在21世紀初，有可能大幅進行的潛艇戰術革命。

有限資源的中國大造艦熱潮

從316潛艇事件，可以以管窺豹，看出中國如何的在有限的資源以及低落的科技工藝條件下，用可貴的人命實驗「有中國特色的社會主義軍事高階科技」。

中國嘗試著要突破美日圍堵的戰略，向太平洋伸展戰略優勢，潛艇部隊的組建，包括2007年才首度「官洩」的093級（商級）核動力攻擊潛艇，都是全世界注目的焦點。但是，潛艇工業是海軍組建最困難的一環，中國以國產品自力衝出魔障，至今依舊擺盪在尷尬中。

中國人民解放軍海軍的遠洋戰略，除了潛艇

部隊使盡全力以外,洋面艦隊更是在外購與國產的相互平衡中,大力的施行仿造與自製。不只是台灣國防部證實的航空母艦瓦良格號修復已經在進行之中,數艘針對遠洋作戰的大型驅逐艦,也已經部署。

台灣國防部情報次長指出,中國目前已經完成代號052C型的大型驅逐艦2艘,此型驅逐艦配備有所謂「中國版」的神盾雷達(相位陣列雷達),以及目前歐美新一代驅逐艦普遍有的垂直飛彈發射器,具備區域防空能力,是未來中國海軍相當重要的自製武器系統。

台灣前國防部長湯曜明,2003年主動透露,中國海軍的旅滬級(052型)驅逐艦,曾經多次通過台灣東方太平洋海域,明示台灣東部可能為中國海軍突襲台灣的重要地點,未來台、美、中在太平洋海域的大洋作戰勢不可免。

而此事件中的主角──旅滬級驅逐艦,雖然是中國海軍引以為傲的自製新銳艦艇,1996年才服役不久,當年的台海危機,旅滬級擔任「主秀」的角色。而旅滬級成軍之後,中國海軍的自

力造艦技術日程日益加快，短短數年之間，已經
有幾款不同的新銳艦艇下水成軍。

旅滬級驅逐艦，艦上的武器系統幾乎來自台灣的拉法葉弊案
成果。（U.S.Navy）

　　非常耐人尋味的是，旅滬級雖然被中國自
稱為第一艘全自製的國產驅逐艦，但是艦上採用
了大量來自法國的仿製品，包括紅旗7型防空飛
彈，以及作戰系統。

　　這批戰系的來源，來自台灣採購拉法葉巡
防艦時，台灣國民黨政府官員與中國軍方的「暗
盤」，台灣得到拉法葉巡防艦的空船殼，中國則
獲得拉法葉艦的戰系與飛彈系統，旅滬級驅逐艦
的「自製」過程，有過這段祕辛。

　　而拉法葉艦的匿蹤外型設計，中國顯然也學

到皮毛，2006年陸續下水的054A級巡防艦，外型完全活脫是拉法葉艦的翻版，被人戲稱為「中國黑心版拉法葉」，一個拉法葉弊案，台灣不只失去艦上武裝，連船艦設計外形，都被中國接收，此弊案影響台灣國防安全之深遠，讓人咋舌。

1999年，旅海級（051B型）驅逐艦曝光，引起相當矚目。觀察旅海級艦的設計，中國海軍造船工藝與能力，已經向歐美各國流行的「匿蹤」設計靠攏，整艘船的外型較之前的旅滬級，採用更大範圍的「封閉式船身」設計，儘量消減船身突起，以降低雷達反射面積。

旅海級在1999年服役成軍之後，立刻發配南海艦隊，艦名「深圳」（編號167），針對台灣部署新銳艦艇的意圖相當明顯。

雖然旅海級的出現，象徵中國海軍造船工業朝向1990年代初期歐美水準努力，但是此型艦的整體設計還是有缺陷，防空武力薄弱，主要的武裝還是艦對艦鷹擊83（YJ-83）超音速反艦飛彈，目前此型飛彈的性能還是一個謎團，西方情報界對此型飛彈的成軍過程與技術細節，獲得的

資訊相當有限。

訪問美國的旅海級驅逐艦,與美國海軍神盾級巡洋艦併駛。
(U.S.Navy)

　　而後續2艘改良型的旅海級艦,也在2007年
服役於中國海軍北海艦隊,北約代號為「旅洲
級」,中國官方編號為051C型,編號115與116。

　　日本朝日新聞2007年8月報導,中國海軍北
海艦隊,在2007年4月與5月,二度接近台灣北方
海域與東方海域示威,2艘示威的驅逐艦,有人
認為是旅滬級,也有人認為就是這2艘擴大型的
旅洲級驅逐艦,目前身分不明。

中華神盾

　　令人想不到的是，在旅海級艦成軍短短不到3年，下一代大型驅逐艦已經下水儀裝。這種稱為052C型蘭州級的新式驅逐艦，目前共有2艘，編號170、171，後續建造計畫不明。

　　與以往旅滬級、旅海級艦的設計不同之處，052C強調區域防空功能，台灣軍方證實，其具備相位陣列雷達與垂直飛彈發射系統，即是用來應付水面的「飽和攻擊」戰術，此種遠洋作戰能力，中國相當重視。

　　雖然中國海軍計畫中引進有俄羅斯製現代級（Sovremennyy Class），甚至光榮級（Slave Class）等重型戰艦，但是區域防空能力一直相當缺乏，中國自製艦艇朝這個方向進展，意圖不言可喻，就是為了航空母艦船團。

　　中國的大造艦時代，至今依舊在不斷推進，幾乎每一代的自製艦艇，都不會超過2艘，設計與構型不穩定，中國一方面號稱要進口大量的俄羅斯造重型驅逐艦，另一方面卻又在少量購買俄製驅逐艦後，拆解艦上的作戰系統，進行回溯工程仿製。因為中國不斷地仿製與回溯工程設計，

俄羅斯與中國的軍事交流已經降到最低點，2007年幾乎沒有新的武器採購清單。

被稱為「中華神盾」的052C型驅逐艦。

　　對照中國海軍建軍在急速擴張與造艦的漩渦中所透露出來的隱憂，台灣海軍由於國防經費與建軍構想的尷尬，目前也陷入難局中。不過，進入大造艦時代的競爭，台灣因為採購的4艘中古紀德級萬噸驅逐艦服役，也順勢進入與中國的巨艦競爭中，不遑多讓。

　　台灣向美國採購的4艘紀德級驅逐艦（KIDD Class），已經在2007年全部順利駛抵台灣，目前

停靠在東部蘇澳海軍中正基地，正式進入戰備。

紀德艦是台灣海軍有史以來，排水量最大的巨型作戰艦，滿載排水量將近10,000噸，是台灣海軍首度擁有具備遠洋作戰與持久戰力的高級配備。

紀德艦（海軍命名為基隆艦）是台灣第一次配備的「攻勢作戰」巨艦，艦上配備的標準2型防空飛彈（Standard II），讓台灣海軍一向缺乏的遠距離防空戰力，進入新的里程碑。

未來紀德艦經過改良，可配備美國與日本海軍現役最新的標準3型艦對空飛彈，搭配垂直發射器，美、日、韓、台圍堵中國、北韓彈道飛彈威脅的防護圈，將可形成。

進入巨艦時代

紀德艦2005年首度返台的時候，陳水扁總統與前國防部長李傑，擺脫台北政壇的烏煙瘴氣，祕密南下視察屏東九鵬基地，進行台灣新研發的雄風2E型巡弋飛彈，以及擎天超音速反艦飛彈

（雄3）的試射，也有弦外之音。這兩種攻擊力強勁的「台灣復仇武器」，將來也有可能裝載在紀德艦上，提供台灣國防「戰略威嚇力」。

雖然近幾年的台美軍售，都沒有具體針對神盾驅逐艦（Arleigh Burke Class，勃克級）售台達成任何共識，而美國對於神盾艦售台，已經漸漸採取開放態度，不排除同意出口，只要台灣有預算，而且順利編列。

而目前依然是美國海軍第一線主力的勃克級神盾驅逐艦，生產線依然全滿，美國海軍後續訂購的勃克級驅逐艦短期內尚未建造完畢，要等到造船廠履行完美國海軍的合約，再繼續為台灣製造新一批的勃克級驅逐艦，據估計要等到2020年前後，時程上緩不濟急。

但是面對中國不斷的從俄羅斯獲得類似現代級這一種大型的驅逐艦，台灣海軍的壓力日益沉重，如果要迅速的獲得新的艦艇，紀德艦是台灣海軍唯一的選擇。

艦體龐大的紀德級驅逐艦，可以配備比成功級巡防艦火力更強的防空飛彈系統，艦上標準2

型飛彈改良型的射程，足足比成功艦上的標準1型飛彈長2倍，且接戰反應速度更快，可即時有效提升海軍的防空戰力。

此外，也因為艦體大，艦上可以搭載更多反艦飛彈，針對中國艦隊實施「飽和攻擊」，如果雄風3型超音速反艦飛彈搭配紀德艦使用，可以和中國進口的現代級驅逐艦與日炙超音速反艦飛彈（Sunburn, SS-N-22）的搭配互別苗頭。

紀德艦畢竟是1970年代末期的科技，作戰能力是否能符合21世紀的台海戰場需求，尚有待觀察。台灣引進紀德艦，主要著眼點在加強防空，次要才是反潛。

美國海軍已除役的史普魯恩斯級驅逐艦（Sprunce Class 紀德級姊妹艦），多數配備有Mk-41垂直飛彈發射系統，具有同時多目標接戰的能力，因為具垂直飛彈發射能力，史普魯恩斯艦也可發射戰斧巡弋飛彈，在美國海軍的眼中，史普魯恩斯級驅逐艦除了反潛戰力外，戰斧巡弋飛彈更是王牌中的王牌。

而台灣準備引進的紀德級驅逐艦，裝配的

是Mk-26型雙臂飛彈發射器，雖然較成功艦的Mk-13型單臂飛彈發射器要來的有效能，但是就21世紀的水面戰場而言，還是稍嫌落伍，且不具備有戰略威嚇力，這是未來台灣海軍積極思考改良紀德艦效能的關鍵。

台灣在1995年，已經從美國引進至少1具的Mk-41垂直飛彈發射器，是不是能夠將其改裝配在起碼一艘紀德艦上，值得思考。而垂直飛彈發射器裝置之後，可以同時發射標準2型防空飛彈以及ASROC反潛火箭，對於提升台灣海軍戰力，有跨越世代的提升。

不論如何，紀德艦到台灣，就國際政治板塊來觀察，也順勢讓台灣加入與日本、南韓和中國同步進行的「巨艦」對抗時代。大噸位作戰艦，冷戰時代一向只屬於美國和前蘇聯的專利，也只有這兩大超強軍事大國，才有足夠的成本操作排水量萬噸以上的巡洋艦與重型驅逐艦。

西太平洋的大造艦競爭

　　後冷戰時代，由於東亞各國的造艦工藝日益精進，日本率先進入巨艦時代。1990年代中期，日本海上自衛隊開始陸續服役的金剛級神盾驅逐艦（KONGOU class, DD173），排水量已經將近萬噸，這是西太平洋國家率先進入巨艦時代的敲門磚。

與美國海軍聯合演習的日本金剛級神盾艦妙高號。
（U.S.Navy）

　　操作巨艦，不論在國際政治影響力上，或者
單純提升海軍作戰能力，都是很受注目的事情，
並非能夠用艦艇「大而無當」來評論。

　　海軍是國際軍種，也是國家主權象徵的延
伸，操作巨艦也代表國家施展政治與軍事力量，
意義非常重要。不論是二次世界大戰前的巨砲巨
艦，或者是現代的多功能巨型巡洋艦與驅逐艦，
都有相同意義。

　　日本海上自衛隊，因應修改憲法，未來改
成「自衛軍」或者「國防軍」，同時操作萬噸巨
艦，則是日本自衛隊走出和平憲法限制的第一
步，成為正常國家的過程中，日本海上自衛隊的
萬噸巨艦，意義的重要可見一斑。

　　由於日本海上自衛隊的巨艦時代提早來臨，
視日本為競爭假想敵的中國與南韓，也立刻加入
追趕行列。

　　中國從1997年開始進入「大造艦」時代，首
艘噸位破紀錄的旅海級驅逐艦深圳號，排水量達
7,000噸，是中國海軍有史以來自製的最大等級驅
逐艦。

　　1999年成軍的深圳號，近幾年成為中國海軍的實力象徵之一，多次代表中國海軍出訪各國，特別是美國，各國都對這艘中國國產巨艦充滿興趣。

　　旅海級的第二批改型艦旅洲級，排水量更大，已經下水，起碼2艘服役。旅海級與旅洲級設計，融合歐美和俄式風格，雖不成熟，卻代表中國海軍努力想要走出國產工藝中間路線的努力。

　　而暱稱為「中華神盾」的052C型蘭洲級驅逐艦，艦上配備有俄羅斯協助中國自行研發的相位陣列雷達，編號170和171的2艘「中華神盾」，都已經服役進入戰備，加入南海艦隊，這是中國海軍首次進入「神盾巨艦」時代。

　　國際情報圈對於中國國產的神盾雷達，莫不充滿好奇心。

　　但是據各項情報研判，中國的神盾雷達與美國的神盾作戰系統等級不同，美式神盾擁有完整的四度空間戰場管理科技，而且運用成熟，加上標準3型長程防空飛彈，這整套運用效率，不是

中國仿製的俄羅斯版神盾相位陣列雷達所能夠比擬。但是，中國在嚐試著相位陣列雷達，這個動作本身就是東亞諸國、甚至西太平洋的重要政治問題。

忠武公李舜臣艦

與美國海軍聯合演習的南韓海軍之光，忠武公李舜臣號驅逐艦。（U.S.Navy）

南韓海軍也與中國同時進入「大造艦」時代，1999年，南韓自製的KDX-1型驅逐艦下水，為國產第一種重型驅逐艦，排水量近5,000噸。3年不到，南韓海軍的KDX-2型驅逐艦馬上推出，

此款驅逐艦有非常成熟的匿蹤設計，外型看起來彷彿台灣海軍拉法葉級巡防艦的「放大版」。

首艘KDX-2型驅逐艦，排水量達到7,000噸等級，2004年服役，被南韓海軍命名為「忠武公李舜臣號」（Chungmugong Yi Sun Shin, DDH 975），李舜臣是1597年9月16日，率領水師抵抗日本豐臣秀吉艦隊入侵，創造「13艘孤軍打倒333艘艦隊」奇蹟勝利的韓國民族英雄，南韓海軍以最新銳的巨艦命名為李舜臣來名志，目標指向再清楚不過。

李舜臣艦到2007年為止，一直都是南韓海軍的象徵，也是驕傲。

韓國2006年賣座電影《韓半島》（Hanbando）片中，對抗日本威脅南韓水域的金剛艦艦隊的南韓旗艦，就是李舜臣艦。這部電影在南韓奇蹟式的賣座，可見南韓的民心與士氣，與巨型驅逐艦有多大的關係。

接著KDX-2出現的，是2007年8月下水的國產KDX-3型神盾驅逐艦，估計排水量將近10,000噸，包括日本和中國的軍事情報分析家，都相當

關注南韓海軍自製神盾艦的發展。KDX-3的外型
與美國的神盾級驅逐艦類似，配備南韓國產的武
裝，和日本發展金剛艦的過程相同。

　　南韓的造船工業本來奄奄一息，甚至被台
灣超越，不到20年時間，南韓從一個只能自製次
級巡防艦（例如曾經極力推銷給台灣的「蔚山艦
Ulsan class ASW」）的「代工國家」，轉身成爲
東亞崛起最迅速的海軍大國，目前海軍實力在亞
洲僅次於日本，不輸中國，未來在南韓國產神盾
艦出現之後，包括日本與中國都將受到嚴重衝
擊。

　　日、韓、中三強，同時進入「神盾艦」時
代，對於三國的海權伸展有相當重要的意義。神
盾艦最受人矚目的就是全方位的防空能力，可以
360度同步監控海域和空域的相位陣列雷達，可
以同時指揮垂直發射的防空飛彈，對抗採取飽和
攻擊戰術的敵方武力，擁有全方位的防空能力。

　　神盾艦的出現，也意味著該國海軍可以保
護艦隊領空，神盾艦出現的下一步，往往就意味
著「航空母艦時代」來臨，因爲神盾艦最大的目

的，就是保護航空母艦戰鬥群的領空安全。無獨有偶，日、韓、中三強的下一步，就是「航空母艦」戰鬥群。

目前，南韓與日本都在同步發展輕型「準航空母艦」。南韓的「獨島號」（LPX Dokdo）兩棲突擊艦，已經完工下水，獨島號是滿載排水量15,000噸左右的巨艦，擁有類似航空母艦的全平面甲板，可以操作垂直起降戰機，南韓海軍預計建造2艘同級艦，同時繼續發展真正的航空母艦概念。

摩登無敵艦隊

南韓的航母策略，其實是跟著日本模式進行。日本海上自衛隊有3艘大隅級輸送艦，也被認為是一種「隱蔽式航空母艦」。日本海自利用大隅級，已多次成功運補在伊拉克支援戰爭的陸上自衛隊，並且加入南海海嘯的救援工作，大隅級運輸艦擁有和航空母艦一樣的外觀，也被人視為日本海上武力的象徵。

大隅級輸送艦，是日本引起世界注目的「隱蔽式航空母艦」。（日本防衛省）

在大隅級之後，日本建造的是一艘排水量達13,500噸的「直升機驅逐艦」，這艘在2007年8月23日正式下水的巨艦，命名爲「日向號」（HYANGA Class），是一艘以「驅逐艦之名行航空母艦之實」的隱藏式航母。

這艘巨型母艦，還有神盾雷達，具備強悍防空作戰能力，並且經過稍加改造，即可配備日本即將向美國採購的F-35A/C型垂直起降戰機，日本將在二次世界大戰之後，首度擁有航空母艦戰力。

　　美國與日本在2005年2月19日在華盛頓舉行的「2+2」安保諮商，由美國國務卿、國防部長，和日本外相、防衛廳長官共同諮商，檢討調整從1996年後將近10年的美日安保體系。2005年的檢討創下紀錄，美、日兩國共同將台灣海峽的和平列為討論範圍，讓整個西太平洋的戰略平衡產生新的變動。

　　從2005年之後開始，日本將在美軍一旦協防台灣的時候，破天荒扮演支援角色，這是2004年11月中國海軍漢級（091型）潛艇入侵日本石垣島北方領海以來，日本與中國之間最嚴重的國際戰略層次對立。

　　亞洲軍事情報圈近年來都在密切關注中國從1997年開始被發現的「大造艦」熱潮，先進的052C型多功能驅逐艦（蘭州級）、中國國產相位陣列雷達作戰系統（中華神盾），以及新一代傳統動力以及核能潛艇（元級、宋級、093型、094型），都突顯了中國對於建構海軍實力的企圖心。

　　特別是中國大量自俄羅斯進口100架海軍

用Su-30MKI轟炸機，以及「日炙」（Sunburn，SS-N-22）型超音速反艦飛彈，在在都指向中國對於西太平洋水域長期被美日軍事武力所限縮的焦慮感。

對照中國積極建構海軍的企圖心，日本2004年出爐的防衛大綱引人注目，不論武器品質與戰略運作，都試圖將中國遠遠拋在腦後。

2004年12月23日，日本防衛廳宣佈參加美國海、空軍下一代F-35型JSF聯合打擊戰機的研發計畫，這種戰機具備有超音速巡航（不開後燃器，發動機可持續維持超音速飛行）、高度匿蹤以及垂直起降的性能。

這個合作生產先進戰機的計畫，讓人直接聯想到防衛廳在2000年決議的「2001至2005新中期防衛力整備計畫」中，宣布先建造2艘，排水量達到13,500噸的日向級「直升機母艦」。

雖然，防衛廳將這款破天荒巨艦稱為「直升機用驅逐艦」（DDH），但是在2005年年初出版的防衛廳國防報告書中，已經指明這款母艦「可以具備搭載垂直起降戰機」的性能，也就是一種

「準航空母艦」。

當中國海軍內部還在爭吵，究竟是要效法前蘇聯放棄航空母艦戰略，全力發展潛艇，還是要建造「中國第一艘航空母艦」，成立傳統的航母船團的時候，日本海上自衛隊的日向號母艦已經下水了。

隱蔽式航空母艦

與日向號的運用思考相近，但是噸位比較輕的3艘大隅級輸送艦（LST），早在2003年2月就已經成軍，大隅級輸送艦雖然排水量只有8,900噸，但是和日向號一樣，具備有「全通式甲板」，也就是類似航空母艦的艦體甲板設計，同樣具備垂直起降戰機的輸送能力。

簡單的說，日本到2005年為止的中期防衛力整備計畫，打算讓海上自衛隊起碼擁有5艘的「準航空母艦」。這樣的實力，不僅在亞洲，連歐洲各國也少有對手。

日向號的誕生，代表一種專屬日本海上自

衛隊世界少見的驅逐艦設計，也就是「直升機母艦」的傳統。環顧世界，目前少有國家的海軍配備類似的艦種。這也是幾十年來，日本擁有領先世界的造艦科技，卻因為國際政治與美國壓制而無法製造航空母艦，另闢蹊徑想出的特殊規格驅逐艦。

日向號之前，現役最先進的直升機母艦為白根級（SHIRANE class），目前有2艘服役，白根級驅逐艦是由榛名級（HARUNA class）驅逐艦改裝而來，榛名級目前也有2艘服役。這種滿載排水量6,500噸以上的直升機母艦，目前分別擔任4個護衛艦隊群的旗艦。

1999年3月，北韓入侵日本海域，當時就由駐紮在京都府舞鶴基地的榛名號領軍，向北韓間碟船開砲射擊。而白根級艦，更是海上自衛隊第一個擁有Link 11和Link 14資料鏈這種先進指揮系統的驅逐艦。

自衛隊處心積慮想要擁有可以搭載飛行器的重型船隻，與日本濃厚的「航空母艦情結」有很大的關係。在二次世界大戰期間，日本海軍聯合

艦隊的航空母艦，融合有世界一流的先進技術，戰力強悍，終戰之後受到國際政治壓力，日本原本擁有豐富的航空母艦建造經驗，一夕之間被壓制殆盡。

日本堪稱是亞洲國家、甚至是全世界僅次於美國和英國，對於航空母艦研發最有心得的強國。

海上自衛隊將用日向號直升機母艦，取代榛名級2艘驅逐艦，日向號從2003年開始建造，同級艦至少會有2艘以上。

在船體設計上，日向號直升機母艦，在前後都鋪上可供直升機作業的甲板，艦橋則採取低矮的匿蹤外型，這種具有開闊式甲板的直升機母艦，除了可以同時操作3架SH-60J之外，還可以再加上一架歐直公司（Eurochapter）的EH101重型反潛直升機。

同時，日向號也可以起降類似F-35這種可以垂直短場起降（VTOL）的先進戰機，海上自衛隊已擁有準輕型航空母艦。

目前的海上自衛隊，擁有數量高達69艘的主

力作戰艦艇,這個數目是英國皇家海軍的2倍,不只在東亞地區沒有可堪比擬的對手,連歐陸海軍大國都遠遠不及。

具備現代化戰力的主力驅逐艦高達42艘,其中35艘擁有1990年代之後水面作戰科技的艦支,目前配署在海上自衛隊4個護衛艦(日本稱驅逐艦destroyer 為護衛艦)艦隊群中,其餘15艘次要主力艦艇,則編制在地方艦隊裡面。

21世紀的聯合艦隊

日本海上自衛隊在1990年代,以組建號稱「八八艦隊」的驅逐艦隊編制,來達到武力威嚇的目的。

所謂的「八八艦隊」,其實就是指每一個「護衛艦艦隊群」裡面,擁有8艘主力驅逐艦,搭配8架海面上操作的反潛直升機。但是,隨著造艦進度超前,以及未來大型水面艦將會搭配數量更多的反潛攻擊直升機(美國授權日本三菱生產的SH-60J反潛直升機),「九十艦隊」、甚至

「十十艦隊」將會出現。

　　為了因應日本多島型國土的防衛準備，日本海上自衛隊相當重視離島防衛戰術，配備有「準航空母艦」能力的大隅級輸送艦，艦內所搭配的美製LCAC氣墊型快速登陸艦（Landing Craft Air Cushion），就成了海上自衛隊的王牌。

　　氣墊船可以被搭載在輸送艦內，在自衛隊優勢的海空火力掩護下，迅速將陸戰裝備運送到灘頭以內，並且在沙灘上疾馳。自衛隊新世代的外向型打擊戰術，運用LCAC施行離島防衛，是海上自衛隊近年來不斷展示驗證的重點科目。

　　除了LCAC的運用之外，因應離島防衛，日本海上自衛隊也在積極籌備類似美國2005年開始驗證的「沿岸戰鬥艦」（LCS, Littoral Combat Ship）。

　　根據公布在日本幾本軍事雜誌上的防衛廳研究開發文件，海上自衛隊認為，近年來不斷出現在日本領海內外圍的中國間諜船，以及類似北韓特攻，或者恐怖組織駕駛的小型攻擊特殊艦艇，是日本沿岸、離島防衛的重大危機。

　　日本自衛隊目前缺乏可以應付低度衝突事件的專用小艇，而美軍目前正在發展LCS的戰術，正好讓日本對這種全新的海軍科技充滿興趣。尤其，日本目前使用的2艘响級（HIBIKI）音響測定艦，使用日本造船工藝已經驗證成功的先進「雙船體」（SWATH, Small Water plane Area Twin Hull）設計，可以應付各種海象，高速且長時間平穩地行駛在日本水域中，具有技術優勢。

　　而為了先期應付來自水面上的低度衝突威脅，海上自衛隊已經有6艘服役的先進快艇，這種由三菱重工自行設計與自製的200噸級匿蹤飛彈快艇，叫做「隼」（Hayabusa），目前共有6艘成軍，分別配屬在舞鶴和佐世保兩個地方部隊。

　　隼級快艇每艘配備4枚日本自製的90式反艦飛彈，以及76公厘62倍徑快炮，火力相當強大。由於「隼」式快艇的設計優良，連日本海上保安廳，也使用「隼」來當作「高速警備救難用巡視船」。

　　海上自衛隊的驚人武力，還包括在2007年服

役的改良型金剛級神盾驅逐艦愛宕號（ATAGO class）。愛宕號是目前日本海上自衛隊最新銳的王牌艦，艦上配備有與美國海軍同步的標準3型（SM-3）長程艦隊空防空飛彈。

標準3型飛彈擁有超長射程，可輕易擊毀來自中國與北韓的高速彈道飛彈，而且標準3型飛彈發射之後，是在中國以及北韓的領空就將其彈道飛彈擊毀，對於國際政治來說非常具有刺激性，是日本海上自衛隊首度擁有的「攻勢」武裝。

未來金剛級艦也會陸續配備同款武器，而愛宕艦還會在持續建造1艘，而不排除後續還有2艘以上的建造計畫。

愛宕艦與飛彈防禦

日本海上自衛隊的4艘配備有神盾雷達與作戰系統的金剛級重型驅逐艦。是種獨步全球的神盾驅逐艦，外型與美國的勃克級神盾驅逐艦不太一樣，擁有匿蹤設計、配備4面神盾雷達的高聳

艦橋，以及火力強大的90孔Mk 41型飛彈垂直發射器。

但是，日本的金剛艦尺寸，比美國的勃克級要來的大。長度多7公尺、寬度多1公尺，勃克級的滿載排水量只有8,300多噸，但是金剛級的滿載排水量9,400多公噸，這種驚人尺寸讓金剛艦幾乎成爲巡洋艦等級。

由於沒有配備類似戰斧巡弋飛彈這種戰略武器，金剛級目前爲世界戰力第2強的驅逐艦，只比美國的勃克級差。台灣購買的紀德艦排行第6，而中國的旅海級則排行第15。

高波艦的震撼

搭配愛宕艦與金剛艦的，是在2006年已有6艘服役的高波級（TAKANMI class）重型驅逐艦，這種改良自村雨級通用驅逐艦的先進艦種，與村雨級一樣，是海上自衛隊從1997年開始跨越21世紀的先進匿蹤設計驅逐艦。

高波級加上村雨級，目前已經有15艘服役，

配合陸續服役的5艘以上神盾驅逐艦（金剛、愛宕），不論是反潛、反艦、防空、對抗飽和攻擊、彈道飛彈防禦甚至距外地面目標攻擊，已經成為自衛隊未來10年的嶄新水上武力形象。

高波級重型驅逐艦的出現，震撼西太平洋。（U.S.Navy）

村雨級（MURASAME class）驅逐艦，與金剛級艦一樣，是日本海上自衛隊1990年世代才開始服役的新銳主力驅逐艦，已有9艘正在服役，村雨級驅逐艦是由朝霧級（ASAGIRI class）驅逐艦所改良而成，在外型上有相當大的變動，包括融合匿蹤設計的艦橋外型，以及日本第一艘可以使用Mk 41垂直飛彈發射器的重型驅逐艦，滿載排水量高達5,100噸，算是一種中型多用途驅逐

艦。

　　原本9艘村雨級都將配備擁有「簡化型神盾系統」之稱的FCS-3作戰系統，由於研發技術上的問題，目前的村雨級艦都還沒有相關裝備。

　　由村雨級驅逐艦所加大改良的新銳重型驅逐艦高波級，目前已經有6艘服役。

　　高波級驅逐艦將村雨級放大增強，滿載排水量6,000噸以上，是日本自製最大的非神盾驅逐艦。高波級艦的出現，還讓中國境內的民族主義網路憤青，高喊日本「連合艦隊甦醒」，軍國主義崛起！

　　高波級也裝備有金剛級驅逐艦專用的127公厘艦砲，以及Mk 41垂直飛彈發射器，由於飛彈裝備規格與美軍一樣，世界各國觀察家都不排除，未來一旦情勢緊急，以及日本自衛隊地位變化，高波級驅逐艦，有能力可以裝載美製的戰斧巡弋飛彈，形成戰略威嚇武力。

　　此外，高波級也可以搭載2架以上SH-60J反潛直升機，更不排除有裝載類似MV-22等定翼機的能力。

　　中國從1997年以來即起直追的下一代新式驅逐艦加速造艦，噸位不斷向上攀升，也和這個來自高波級的震撼不無關係。

日本潛艇到台灣

　　海上自衛隊的水面下武力，一向在亞洲地區稱霸，目前已經服役成軍的傳統動力潛艇數量共有19艘，最先進的親潮級（OYASHIO class）目前在役10艘，最新改型的SS596黑潮號潛艇，2004年3月服役，後續高潮號之後的改良型親潮級潛艇，將開始實驗性裝配具有核子動力性能、卻沒有污染憂慮的AIP絕氣系統，不讓中國的AIP研究專美於前。

　　目前預計2009、2010年，起碼有2艘具備AIP系統的改良型親潮級潛艇服役。這種潛艇滿載排水量高達4,200噸，是海上自衛隊有史以來最巨大的潛艇。而現役最老舊的夕潮級潛艇幸潮號，也才在1987年下水而已，也就是說，海上自衛隊的潛艇部隊新式潛艇汰換率間格不到18年，是目前

世界紀錄保持者，由此可知日本潛艇製造技術所蓄積的能量，以及日本水面下部隊世代替換的先進程度。

對照日本，中國在1987年之後下水的新銳潛艇，包括剛剛下水且「官洩」的093型商級核能攻擊潛艇1艘、元級傳統動力潛艇1艘、7+n艘宋級（039/039A型）以及4+n艘購自俄羅斯、妥善率不太好的基洛級（Kilo, 877EKM/636型），陣容無法與海自相比較。

日本親潮級潛艇是西太平洋目前最先進的傳統動力攻擊潛艇。（U.S.Navy）

根據《亞洲週刊》2007年8月底的報導，在歐洲各國因為政治關係而無法出售給台灣潛艇

設計藍圖的當下，美國希望幫台灣向日本採購潛艇設計圖，然後按圖由美國造船廠爲台灣建造改良。據報導，鎖定的潛艇是日本海上自衛隊目前現役的春潮級（HARUSHIO Class SS583）潛艇，這種滿載排水量將近3,000噸的重型潛艇，與台灣的海龍級潛艇同級。消息傳出，引起震撼。

春潮級潛艇是日本海上自衛隊的主力之一，第1艘春潮號在1990年才下水，最後一艘淺潮號則是1995年下水，屬於15年前的設計，遠優於海龍級潛艇的1980年代技術，對台灣而言堪稱非常先進。

美方打算親自改良春潮級潛艇設計，加入美軍現役的作戰系統與攻擊武器，幫台灣打造純日式的潛艇部隊。一旦成功，這不僅是日本潛艇二次大戰之後的首度外銷，也是台、美、日共同防禦圈的結合象徵，充滿戰略意義。

而2007年7月才正式上任的日本防衛省大臣小池百合子，與台灣關係密切，是李登輝前總統的多年好友，小池百合子在任上，原本也是春潮級潛艇輸台的重要契機。但是小池百合子卻在上

任一個多月後，於8月底匆匆離職，春潮級潛艇
售台計畫，可能遇到挫折。

不過，日本政界正在努力排除武器出口限制
的政治干預，目前防衛省剛剛改制完畢，2007年
日本的防衛白皮書，更把台灣的軍備問題載入文
內，關注台海情勢的意味不言可喻。

白皮書內容，不僅對台灣的軍力現狀描述詳
細，並且還特別提到對中國的警惕字眼。白皮書
內容說，「日本特別關注中國的海上武力，因為
中國在『具爭議性』的東海油田區探勘開發，並
且持續派遣軍艦前往該地區，是日本非常值得注
意的事件」。

日本首相安倍晉三2007年8月訪問印度，向
國際倡言「建立大亞洲夥伴關係」，這個「民主
同盟」把日本、澳洲、美國與印度連結在一起，
讓中國被排除在外，政治板塊移動不言可喻，頗
堪玩味。

相對於日本與美國的大膽，台灣軍方目前
稍顯保守。據了解，軍方向外界解釋，目前還
是持續向歐洲探求潛艇構型，依舊鎖定德國的

U209-1400型潛艇，以及西班牙的S-80型潛艇改良型，對於日製潛艇似乎還未評估。有國安會人士認為，台灣軍方多年來，對於日本還存有微妙排斥感，「對日抗戰」情緒似乎尚未結束。

台灣海軍的LCS？

　　台灣海軍在2005年對外透露，準備尋求新一代的中型作戰艦。這是種科技工藝層次較低的裝備，世界各國多半使用自製品。例如，南韓的蔚山艦，早在15年前就已經成軍，當年蔚山艦甚至參加台灣光華2號的競標，台灣也準備買，只是後來被郝柏村，硬是用拉法葉艦取代，而台灣因為弊案關係，只接收拉法葉艦的空船殼，武器系統付之闕如，使用效率反而不及當初購買的蔚山艦。

LCS是美國海軍21世紀的全新作戰艦科技。（U.S.Navy）

　　而轉眼間服役至今15年，蔚山艦也已經到達汰換年限，南韓近年來正準備出清二手蔚山艦給第三世界國家，再用國產的中型作戰艦取而代之，可見其海軍建軍有長遠的眼光與規劃，與台灣海軍完全不同。

　　此外，瑞典的Visby級匿蹤飛彈巡邏艦，堪稱目前全世界最佳設計的下一代中型作戰艦，連美國海軍都將其列入採購參考。瑞典地處北歐的峽灣地形，海軍建軍不求大而無當，反而以輕型水面艦和世界一流的自製潛艇為主，用跨時代的科技研發Visby級艦，震驚世界，目前已經有許多國家在探詢Visby級艦出售的相關細節。

　　此外，德國HDW船廠的MEKO A-200型中型作戰艦，以及以色列自製的薩爾5級飛彈巡邏

艦，也是自主國防的經典產品，以色列甚至準備在排水量2,000噸左右的下一代飛彈巡邏艦上，裝配神盾雷達系統，搭配準備開工的自製航空母艦，連沙漠國家以色列一向以空、陸軍為建軍重點，都想到了自製新銳飛彈巡邏艦，甚至航空母艦，台灣號稱海洋國家，軍隊建軍卻缺乏節奏，沒有海洋視野，受到黃埔精神與法統幽靈影響，故步自封，實在讓人汗顏。

　　中型作戰艦，目前也是歐美日等先進國家海上作戰的「顯學」之一。美國海軍為了因應21世紀的海上主動攻勢戰略，期望在敵方海岸發動中型艦攻勢，沿岸作戰艦（Littoral Combat Ship, LCS）的自製和戰術發展，近年已經進入驗證階段。

　　日本海上自衛隊，為了因應未來外島（釣魚台、竹島）等軍事危機，也與美國海軍同步發展LCS戰術，並且已經展開採購規劃與戰術研究。美國海軍研製新一代的沿岸作戰艦，甚至還與日本先進的造船工業技術（例如雙船體設計的SWATH）進行相互交流。

從20世紀末期開始，美軍不只在空中武力和地面武力，展開跨世紀的軍事事務革命，在水域的立體空間，美軍也有全新的規劃。其中，水面下的潛艇科技，目前的次世代發展方向，大致上還不明朗，但是對於水面上的作戰，美軍將配合新設計的水面艦隻，2010年之前就將啟動全新世紀武力，將世界各國遠遠拋在腦後。

全球稱霸的美國超級航母

在所有全新發展的水面艦隊規模之中，美軍獨步世界的航空母艦設計，將有重要的變革。目前美軍最主要的航空母艦設計，是從1960年代發展至今，將近半個世紀高齡，已經相當成熟的尼米茲級（CVN68, Nimitz CLASS）航空母艦，至2008年最新服役的喬治布希號（George Bush ,CVN77）為止，目前共有10艘同級母艦在美國海軍服役。

雖然這一批排水量幾乎都超過100,000噸的龐然巨艦，經歷幾十年的服役時間，以及各次

參與戰役的經驗，已經被證實是一個相當可靠的設計，最新服役的布希號，將是第一艘整合全自動化網路的現代化海上長城，並且為下一代的CV-X匿蹤超級航空母艦驗證最新的航空母艦科技。

從1995年開始，美國國防部提出取代尼米茲級的全新航空母艦設計需求，這個計畫取名為CV-X。美軍將在布希號航空母艦上面，實驗新式航空母艦的潛能。過渡期的布希號，將採用尼米茲級航艦的船身和核動力系統，但是在艦身設計上，將會進一步驗證目前美國軍方所提出的下一代航空母艦新設計。

這些設計包括，全新低矮部分具有匿蹤設計的艦島，以往艦島頂上龐雜繁複的天線雷達組，也將改為柱式簡潔設計，天線雷達全部整合進入柱式結構體，以符合匿蹤要求，這是未來布希號外型最大的特徵。

此外，新構形的航空母艦甲板，除了將以往有多處突起的甲板邊緣，修整成為光滑外型外，舷側甲板也不再突起，都是匿蹤設計的考量。而

美國獨步全球的蒸氣飛機彈射系統，未來在布希號上面，也會開始實驗電磁彈射系統，這種效率更高的飛機加速起飛輔助裝置，將更有效率的執行戰鬥機彈射任務。

除了外型上的改變外，布希號也具備高度的全艦光纖網路化，區域配電系統也將核反應爐的功率發揮到最大，艦上多處重要設施以先進複合材料取代傳統的鋼材，也是相當重要的實驗。

從布希號上面，美國海軍可以盡情演練測試最新的航艦工藝科技，未來的布希號也可能不參與實戰，成為美國海軍的海上新科技實驗平台。在布希號之後的新式航艦，將會有什麼樣的面貌？航空母艦在國家整體戰略上的角色，是否會有更動？目前所有的構想都在繼續發展，配合美軍的資訊化轉型不斷檢討。

根據21世紀的水面戰術發展，未來的航空母艦除了大量融合匿蹤科技之外，也會有二個極端的發展傾向。以目前歐洲各國海軍的想法，特別是英國海軍未來的航空母艦設計會傾向小型化。

小型化航空母艦的發展，除了為配合各國

日益調降的國防預算，以低成本的方式生產技術
質量密集的高科技艦種。另一個理由，就是航空
母艦艦載機科技的演進。未來英國海軍航空隊會
大量採用美國生產的F-35型匿蹤短場起降戰鬥轟
炸機，彈性高的操作特性，也讓英國海軍即使必
須操作小型航母，也可以擁有可觀的海上空中武
力。

數位化匿蹤驅逐艦

　　除了航空母艦概念將有跳躍式進展外，在美
國前總統柯林頓任內承諾發展，並且以前美國海
軍部長Elmo Zumwalt命名的新世代驅逐艦，目前
還在整個研發概念的整合階段。這艘被美國軍方
譽為「人類戰艦史上最大革命」的DD-21級驅逐
艦（Zumwalt CLASS），將整合目前軍事科技界
最先進的所有概念，讓美國海軍確定在21世紀前
半期，依舊擁有世界第一的超級海軍科技水準。

　　目前由美國海軍推出的DD-21級驅逐艦，外
型上最大的特徵，就是目前美國海軍所有下一代

艦艇都會採用的特殊匿蹤設計。和目前台灣海軍所擁有、號稱融合最完整第一代匿蹤技術的拉法葉級巡防艦不同，DD-21級驅逐艦擁有次世代的匿蹤設計，整艘船的外觀看起來，已經沒有拉法葉艦還存在較完整的傳統船艦外型。

DD-21的外觀完全跳脫出傳統的船艦設計，匿蹤是所有艦體設計的最優先選項，務求將所有可能突出在艦體上的結構物全部消除，平整、傾斜的外觀，已經看不到傳統的船桅，所有的雷達天線全部都被整合進入匿蹤艦體結構內，甚至連艦艏A砲位上的艦砲，砲管在不使用的時候，都會收入砲塔內，以避免破壞整艘船的匿蹤外型。

整艘DD-21級驅逐艦，看起來就像是外星飛行器，也是美國海軍相當引以自豪的「科技怪物」。

DD-21級未來匿蹤驅逐艦，看起來像外星飛行器。
（U.S.Navy）

　　DD-21級驅逐艦最讓外界驚訝的革命性設計，就是美國海軍宣稱，這艘船將是人類史上第一艘全部使用電力推進的大型戰鬥艦。在以往，電力推動船隻的設計只會使用在小型艦隻上，隨著電力推進科技日益進展，高功率的電動推進器也將完成，這種推進方式的戰艦，具有以往柴油推進器所沒有的靜肅性能，對於要求絕對匿蹤的DD-21級驅逐艦來說，低噪音的推進器，將是一大優勢。

　　根據美國海軍公佈的技術細節報告推估，如果電力推動科技在DD-21上面表現優異的話，未來美軍全部的下一代戰艦，都會使用這種推進系統，柴油渦輪推進的戰艦，將慢慢成為歷史。

　　為了因應21世紀高度數位化的水面戰場，DD-21也是一艘網路化的驅逐艦，由於效率超高的自動化操作模組設計，DD-21比一般同等級的驅逐艦，節省90%的人員操作耗損。也就是說，艦上服勤的人員，數量會大幅度減少，理想目標為僅配置95位操作人員（傳統驅逐艦約有450位操作員）。

　　但是，也因為人員需求大幅降低，美國軍方擔心在緊急情況下，不滿100人的編制，可能沒有辦法在傳統戰場上應付狀況，目前這個問題還在美國國防業界爭論中。

　　雖然人員配置大幅減少，但是DD-21負擔的任務，將會大幅加重。由於自動化操作，各式美軍下一代先進的艦對海、對空、對地攻擊武器，會大量配置在DD-21上，目前美國海軍的驅逐艦，係採取分工的方式執勤，有專門負責防空任

務的勃克級神盾驅逐艦，也有專事反潛任務的史普魯恩斯級驅逐艦（已陸續汰換）。而這二款美國海軍的主力水面艦，都可配備戰斧式巡弋飛彈執行遠距陸地攻擊任務。

　　未來，DD-21可以經由更換艦上「任務模組」，以同款艦、不同款加強配備的方式，選擇執勤上的彈性。這種設計，也可以降低美國海軍水面艦的操作成本。

　　模組化的作戰科技，同一個平台更換不同模組，可應付新的作戰需求，是美軍、或者未來歐日先進各國軍備設計的必然概念，中國與俄羅斯的軍事科技，因為電子工業發展的局限與自主性，模組化設計還未能成為主流。

　　隨著較低成本的DD-21級驅逐艦服役，另一個美國海軍21世紀水面艦計畫（Surface Combatant SC-21）的主角，CG-21級巡洋艦，原本極可能隨著DD-21的研發經驗，持續建造較大型、功能更多、足以取代目前神盾級巡洋艦的新一代遠洋巡洋艦。

　　但是，目前由於美國國防預算緊縮，美國海

軍決定在短期內，暫時延緩CG-21的研發進度，以在這段過渡期間之內，用有限的預算，生產更多成本較低的DD-21級驅逐艦，也同時用更長的時間，驗證這種新一代水面艦設計的優缺點。

根據預估，第一艘DD-21級驅逐艦服役的時間，將在布希號航空母艦（CVN-77）服役後，預定在2008年之後開始下水。美國海軍在第一階段，採購高達30艘的DD-21級驅逐艦。至2007年爲止，美國海軍與先進國防計畫研究署（DARPA），已經針對縮小型的DD-21實驗艦，完成多項重要海上耐波測試。

擁有次世代的航空母艦與水面戰鬥艦，美國海軍目前正在執行的新型水面支援艦，還包括已經下水的匿蹤設計LPD-17兩棲船塢（San Antonio Class），未來的聯合指揮艦JCC（X）、未來的兩棲突擊艦LH（X），搭配即將服役的各式先進匿蹤戰機、MV-22多功能垂直起降運輸直升機，美軍已經擺脫目前世界海軍工藝設計主流，獨自躍入下一個世代的戰場，將敵人拋在腦後。

全球部署的美國海軍陸戰隊

　　環顧全世界，如果要提到一支知名度最大的部隊，非美國海軍陸戰隊（United States Marine Corp, USMC）莫屬。由於美軍遍及全球的軍事部署，擔當美軍在海外最佳形象代言人的海軍陸戰隊，也同時象徵美國的國家意志與軍事威嚇。

美國海軍陸戰隊，是美國軍力全球部署的象徵。（U.S.M.C）

　　成立於1775年11月的美國海軍陸戰隊，在1779年3月於加勒比海第一次進行兩棲突擊任務，擊潰英軍殖民部隊，在美國獨立戰爭的過程中，功不可沒。

　　初始只有2個營的海軍陸戰對，是美國開國者華盛頓口中：「只有優秀水手或者熟悉海上事務，並能在海上服務而佔有優勢者，才可以加入」的部隊，這樣

的服役標準，也在日後成爲全球國家對於海軍陸
戰隊隊員的基本要求。

與一般的地面部隊不同，海軍陸戰隊雖然附
屬在海軍的指揮體系下，卻是一個不折不扣擁有
三度空間操作能力的立體軍種。

經過伊拉克戰爭的洗禮後，美國海軍陸戰隊
證明了經過越戰和波灣戰爭的考驗後，陸戰隊確
實已經演進成爲一支足以領導21世紀新世代戰術
潮流的先進部隊。

爲了適應下個世代的戰場，「數位化」
（Digitalized）是一個相當重要的必經之路，爲
了適應數位化的戰場時代，海軍陸戰隊從1990年
代初期開始，就進入一連串新的改革，從最基本
的迷彩戰鬥服，到最先進的巨型海上基地，陸戰
隊的未來計畫，規模甚至超過世界上大多數國家
的整體國防計畫。

海軍陸戰隊在最近10年，也換裝大量的新世
代網路科技武裝，陸續接收多種新式的輕重型裝
備。其中，與陸戰隊作戰型態最息息相關的，就
是兩棲登陸載具的更新。

　　目前，陸戰隊使用的是設計已經超過30年歷史的AAVP-7（Assault Amphibian Vehicle Personnel）兩棲攻擊人員載具。從2008年開始，陸戰隊更換為最新設計的EFV（Expeditionary Fighting Vehicle）先進遠征兩棲戰車。

　　EFV計畫原本稱為AAAV（Advanced Amphibious Assault Vehicle）先進兩棲攻擊載具，2006年之後改變名稱，可以想見美軍對於「遠征」需求的渴望，以海外快速部署為需求，改變原本先進兩棲戰車的設計。

　　這種外型更加簡潔，並且裝備有模組化裝甲防護系統的全數位化遠征兩棲登陸車，可以讓陸戰隊員從離海岸25浬遠的登陸船塢出發，突擊的彈性相當大。而原本陸戰隊除役的大量AAVP-7登陸車，則陸續轉手出售給台灣在內的友邦。

　　21世紀的陸戰隊，進行兩棲登陸作戰的戰術，已經和二次世界大戰的那種大船團掩至的模式不同，進入立體突襲時代，從空中、海上與陸上（敵後）三度空間進行快速閃擊戰。

　　未來的陸戰隊作戰模式，將不只有龐大的登

陸船團為首，取而代之是少量、精銳的人員，強勁火力的空中支援戰機，以及機動快速的直升機垂直作戰。也因為這個垂直攻擊的需求，目前美國陸戰隊大量使用的CH-46海騎士（Sea Knight）通用直升機，在2008年開始，將會被大量的MV-22鶚式（Osprey）垂直起降載具所取代。

MV-22是劃時代的傾斜翼飛機。（U.S.M.C）

　　MV-22鶚式垂直起降機，是革命性的傾斜翼旋翼飛行器，同時擁有固定翼飛機的高速度，以及直升機的垂直起降機動性。而海軍陸戰隊部分用於運兵的CH-53型海種馬（Sea Stallion）重型

直升機，也會漸漸被MV-22鶚式機汰換。

　　2007年暑假賣座科幻電影《變形金剛》（Transformers）中，美國國防部就贊助了幾架已經服役的MV-22鶚式垂直起降機，在電影中模擬未來兩棲特種部隊的快速前進部署戰術，讓人印象深刻。

　　美國陸戰隊擁有一支武力相當驚人的航空隊，擁有可以垂直起降的AV-8BⅡ+海獵鷹（Harrier）攻擊機，以及F/A-18C/D大黃蜂（Hornet）戰鬥轟炸機，火力相當驚人。

　　坐擁數百架這類型的高科技戰機，陸戰隊航空隊的空中武力，甚至遠比世界大多數國家的空軍實力還要強。從2008年開始，設計已經超過30年的海獵鷹戰機，將會逐漸被下一代的F-35C型垂直起降匿蹤戰機所取代，而主力的大黃蜂戰機，也會接續的陸續被傳統起降的F-35A所汰換。

　　在獨步世界的海軍陸戰隊大型兩棲登陸船團的配置上，一艘新世紀數位匿蹤設計的聖安東尼奧級（San Antonio LPD-17）兩棲船塢，已經服

役。這種新式的匿蹤設計船塢，擺脫以往只能被動支援作戰船塢的功能，成為全功能的兩棲作戰基地。

聖安東尼奧級可以同時操作先進的MV-22鶚式垂直起降機，和兩棲登陸氣墊船（LCAC），在提供「從海上前進部署」的戰術優勢的同時，聖安東尼奧級還可以擁有本身的防空自衛武力。總體而言，經過1990年代初期美軍一連串的海外派兵經驗，聖安東尼奧級的推出，代表美軍下一世代新觀念的兩棲作戰概念。

人力資源戰場

MBA當國防部長？

　　美軍的面貌，在短短10年內出現這麼多的劃時代改革，其實主要是來自美國國防部令人咋舌的恐怖企管能力。民進黨政府在台灣執政8年，連「文人領軍」都沒有辦法實現，開的這張政策支票，連起碼的軍事改革都使不上力，除了人才培養的空洞之外，缺乏以企業管理的革命性概念，改變台灣軍隊的面貌，是民進黨政府在軍事改革中，最讓人民失望的一環。

　　據了解，為了一新外界耳目，曾經有許多人大力向陳水扁總統建議，起用具有企業管理長才、或者具備MBA（工商管理碩士）學位的人士，擔任台灣的國防部長，除了實現文人領軍外，也可用企業管理專業的概念，好好整頓國防部與台灣軍方，只是多年來一直未聞有任何動靜。

布希是美國有史以來，第一個擁有MBA學位的總統。
（U.S.DoD）

選用企業人士進入國防部，對於民進黨執政，是一項相當大膽的挑戰，囿於台灣軍方「黃埔精神」的傳統生態，文人政府要完全打入封閉的軍隊內部，是個難度奇高的工程，也因此儘管執政8年，陳水扁總統對於實現文人領軍的承諾，一向小心謹慎、以軍心穩定為考量，深怕得罪軍方保守勢力，也預留空間培養自己派系的高階將領，捲入軍隊派系的鬥爭中，以此求得權力平衡。

相對於日本前首相安倍晉三，大膽啓用小池百合子這麼一位女性，進入防衛省進行改革。就

算要文人管理軍隊，不只對台灣是一個難題，對
世界第一軍事強國美國來說，也是最近半個世紀
之後，才確實的將民間企業管理文化，成功帶到
軍隊裡面，而其中的大功臣，就是美國有史以來
第二年輕的總統──約翰甘迺迪，以及他信任的
國防部長──麥納瑪拉（Robert S McNamara）。

　　1961年，甘迺迪剛剛才以相對多數的弱勢執
政實力，掌握美國政府機器，成為美國歷史上新
世代交替的象徵，甘迺迪上任之後最大膽的人士
任命，就是支持當時也很年輕（40歲出頭）的麥
納瑪拉，擔任國防部長。

　　當時的麥納瑪拉，深受右派保守色彩鮮明的
福特汽車老闆亨利福特（Henry Ford）信任，因
為成功引進先進的企管概念，讓福特汽車起死回
生，在麥納瑪拉的手上，福特汽車好不容易渡過
來自通用汽車的挑戰，開始獲利。

　　麥納瑪拉擁有哈佛的MBA學位，用新思維
重振福特汽車，甘迺迪相中麥納瑪拉的這個特
質，儘管自己是代表自由派的民主黨總統，但還
是大膽向保守的福特汽車借將，讓才剛剛擔任福

特總裁的麥納瑪拉，擔任令外界耳目一新的國防
部長。

麥納瑪拉的啓示

麥納瑪拉是美國有史以來第一個有MBA學
位的國防部長，他的MBA經營哲學，就是充分
授權。當時亨利福特就是信任麥納瑪拉的能力，
放手讓他在公司裡面「蠻幹」，雖然得罪不少老
臣，但是也讓福特汽車起死回生。

甘迺迪與麥納瑪拉的關係也是這樣，在最高
領袖的充分信任之下，成爲「美國有史以來最有
權力的國防部長」，將傳統右翼反共好戰的老派
軍事將領，整治的服服貼貼。

尤其，麥納瑪拉和甘迺迪一起渡過古巴危機
（Cuban Missile Crisis），用技巧幫甘迺迪抵擋軍
方好戰勢力形同「政變」的集體行動，這些都是
麥納瑪拉使用企業經營長才所施展的功力。

甘迺迪遇刺身亡之後，麥納瑪拉是幫他扶靈
柩的官員之一，可見他在甘迺迪政府中的分量。

　　後來，歷任詹森和尼克森時代，麥納瑪拉因為越戰決策出現失誤，無限制轟炸北越的政策遭到失敗，黯然隱退，麥氏隱退之後，還長期擔任世界銀行的總裁，並且成為堅強的反核問題專家，影響力至今不減。

　　美軍在越戰之後開始積極進行軍事事務革命，軍隊納入企業管理精神的跡象更是明顯，一些以往只專屬於高科技企業的特徵，例如「扁平化組織」、「即時決策」、「質疑權威」等等企業特質，都開始改變美國軍隊的生態。

　　前任美國國防部長倫斯斐，曾經在1970年代尼克森下台之後，擔任福特總統的國防部長，身處軍事事務革命的風暴圈中，倫斯斐即使沒有MBA學位，但是長久擔任軍火工業高階經理人的歷練，已經改變美國國防部的樣貌，讓美軍在1970年代就開始準備進入21世紀。

　　美國總統布希，是美國史上第一位擁有MBA學位的總統，布希和麥納瑪拉一樣，都是哈佛的MBA，他的領導特質，就是充分授權、信賴屬下，即使在伊拉克反恐戰爭中的評價好壞參

牛，布希還是因為成功的團隊領導，以及掌握住美國價值觀，而贏得連任。

布希政府的國防部，長期由老將倫斯斐掌握，倫斯斐也繼麥納瑪拉，成為美國有史以來最有權力的國防部長。左派人士，甚至稱倫斯斐是「五角大廈中的好戰軍閥」，但是倫斯斐自有一套節省國防經費，大幅度改革美國傳統軍事組織的看法，而且在布希政府執政8年中，成效輝煌。

雖然因為伊拉克戰爭，以及華府政治圈的鬥爭，倫斯斐在6年之後下台，但是曾經從美國國防部裡面傳來，「支持台灣宣布獨立」的聲音（前美國在台協會理事主席夏馨語），美國圍堵中國的戰略，幾乎出自於倫斯斐之手，可以想見台美局勢，曾經在民進黨執政初期，進入如此蜜月的層度，不似今日因為民進黨內派系鬥爭，以及濫權和缺乏外交戰略視野的操作，導致台美關係進入冰點。兩相對照，宛若雲泥。

美國國防部堪稱全世界最大的單一組織，不僅五角大廈本身是世界最大的建築物，美國國防

部內的雇員超過26,000人，掌管的預算堪稱世界第一，要能夠確實打理這麼龐大的組織，協助總統擬定新的戰爭策略，同時還要進行軍隊的現代化，美國國防部長人選，如果沒有企管長才，根本無法打理這麼複雜的事務。

以企業化的精神來管理軍隊，講究的是組織的規劃，不論是武器裝備採購，人員的召募，先進技術的發展，都有一個固定的原則遵循。這就和經營企業的概念是一樣的，企業經營最終目的就是獲利，而軍隊經營的最終目的，就是贏得戰爭。但是，對於台灣軍隊而言，這麼簡單的概念，卻花了60年的時間，依舊無法解套，這就是「黃埔精神」、「克難英雄」這樣的蔣家軍隊陰影，多年來籠罩在台灣軍隊頭上的宿命。

黃埔軍魂

台灣的軍隊，長期缺乏合理又充分的實兵訓練，戰鬥部隊的作戰準則，指揮官的指揮技巧，以及高級幕僚的作業能力，都必須要不斷的

操作，才熟能生巧。台灣五、六十年沒有戰爭經
驗，又缺乏與國際交流的機會，所以實兵訓練，
與世界潮流的脫節，已經達到讓外界匪夷所思的
情況。

　　全世界最有作戰經驗的美軍和以色列國防
軍，爲什麼能夠戰技精良、戰術高超？這些成果
不是從天上掉下來的，而是一次次不斷的失敗，
犯錯甚至犧牲人命所換來的。

　　台灣的黃埔軍人，怕花錢、怕出事，沒有紮
實訓練，定時定量實施的林林總總測驗，通通都
不是爲了發現錯誤而來，而是爲了軍官考核升官
的憑藉，如此就會引導讓測試、演習變成作弊、
造假或者花樣多的秀，然後在台灣媒體缺乏軍事
專業，新聞監督力量不夠，而國會議員只講作秀
與媒體效果，軍事專業缺乏的情況下，軍方的戰
力正一點點消耗。

　　台灣軍隊和中國軍隊，都有來自中國「五千
年文化」一脈相承的「造假」性格，來自蔣家教
育的台灣軍隊，自嘲「實力沒有、姿勢要有」，
這是所有服過兵役的台灣役男，心中「共同的

痛」。

　　美式的企管概念強調，「一個人要花二年的時間，才能熟悉自己的工作，不過更重要的是企圖心的問題。」

「實力沒有，姿勢要有」是台灣與中國軍隊共通的毛病，圖中為中國海軍陸戰隊。（U.S.M.C）

　　如果工作只是為了升官，或者補自己資歷的不足，短短時間就走人，成功不會在自己手上，失敗也不是自己的問題，這就是台灣軍隊的難題。一日不走向募兵制，將大而無當的軍隊命令組織徹底改變，台灣軍隊就一日無法走向專業，走向尊嚴。

　　「官大學問大」是每個台灣男人在服兵役的
時候，最深惡痛絕的現象，其實也是台灣社會與
政治污染的集體特徵。

　　「官大學問大」現象之所以會存在，歸咎其
原因就是「沒有專業」。在軍隊中，軍人沒有專
業，所以不被外界尊重，因為不受尊重，所以沒
有自信與自尊，所以在部隊裡面，喜歡用那種對
下屬展現權威，來證明自己的價值。台灣軍隊常
發生虐待案，上級不當管教，惡意虐待的現象，
除了社會價值觀急速改變之外，「沒有專業」才
是所有問題的根源。

　　很讓人訝異，台灣軍隊之所以不被台灣人尊
重，除了國民黨法統幽靈，蔣家餘孽的黃埔精神
綁架以外，最關鍵、也讓急欲幫助台灣重建軍力
的各國（特別是美國與日本），最無法理解的失
落一環。

　　因為沒有專業可以自傲，或者定位自我，所
以就用官階來決定自己的價值，因此就更重視當
官帶來的權威感，喜歡明明無知，卻假裝自己搞
得清楚狀況。任意干涉下屬的工作，或者為了雞

毛蒜皮的小事情，亂打官腔，或者在部屬面前長篇大論，都是這種沒有專業的心態下，所造成的現象。而台灣的社會，政府問題百出，不也是這種不重視專業，沒有專業所造成的亂象。

台灣不重視個人專業，與日本重視個人專業、個人價值與堅持的文化，差異實在不可思議。

台灣軍隊的戰力每下愈況，而日本自衛隊短短幾十年，走出二戰的陰影，成為亞洲資訊化、自動化最強的軍隊，期間的差異，僅只專業而已。而感謝老天，中國軍隊有與台灣一模一樣的毛病，造假、缺乏專業與好大喜功的吹噓，絲毫不遜於台灣，這也是台灣國防安全的最佳屏障。

克難英雄的企業管理

台灣軍隊喜歡奢談「資訊化」，卻十幾年沒有辦法達到這種境界，這是因為根本不知道資訊化為何物，以為擺幾台電腦，報表都用列表機列印出來，就是資訊化，卻不知道資訊化是一種作

戰概念，是一種新的處理事情的方法。台灣的資訊代工產業世界一流，軍隊卻是已開發國家中少見的缺乏相關資訊概念，之間的差異讓人不解。

黃埔精神是台灣軍隊無法現代化的最大障礙。
（by 陳宗逸）

　　所謂資訊化，必須要有一個精通網路工程，和一個精通資料庫設計與維護的工程團隊，從系統規劃到設置、維護都要能夠有效率的運作與負責，才能使整個資訊化系統發揮功用，否則就會陷入災難中。

　　台灣的軍事採購，就沒有類似這樣的流程。一個長期的武器採購計畫，要有商業管理專才的

主管，任期也要夠長，還有默契絕佳的幕僚群，擬出經費與採購計畫。然後，要有工業管理專家，長期追蹤與管制整個流程，包括生產、運交、操作與維持。

這樣還不夠，還要有作業研究專家，負責武器的佈署、運用和後續的補給，以及保養維修，武器採購的流程，以及後來資源的分配，還要一個統整的企畫小組，長時間的針對各種作戰環境，擬定作戰需求（Operation Requirement），還要與三軍部隊協調，研究，制定後來的武器採購，以及新的戰術。

這麼簡單的作業流程，不能只依靠軍校畢業的職業軍人擔綱，隨便一個擁有跨國企業經營觀念的台灣高階經理人，都懂得這樣的標準作業流程，這也是台灣的國防部，極需要企業管理人才進入的關鍵。

文人領軍在台灣之所以重要，絕對不是因為要製造新的軍隊派系，而是攸關台灣未來國防計畫的資訊化問題。民進黨與國民黨的選舉政客，目前看不出有哪方提出過這樣的遠見。

　　也曾經有人提議，如果沒有辦法用MBA擔任國防部長，起碼請有企業經營概念的文人，擔任台灣的軍備副部長，或者軍備局長，起碼讓台灣的軍事採購，走向企業化經營。結果，依舊不了了之。

　　無法跳脫出黃埔精神的魔障，台灣軍隊就永遠無法走出粉飾太平的造假文化，無法成為尊重專業，獲得民眾信賴的職業部隊。台灣黃埔軍人只顧官運亨通，從來就不以建軍為本，為了選舉而炒短線的政客，也沒有人對必須要長期執行才有成效的軍事事務革命有興趣，軍官迎合政客的短視，粉飾太平總是最好的方法。

　　而台灣的男人不喜歡當兵，視當兵為「坐牢」，即使服自願役，也是為求固定薪資而來，沒有尊重自己「專業」的意願。專業建立不起來，台灣部隊的一些以往被人詬病的缺點，也是元兇。

　　部隊視每個役男為「囚犯」以及廉價的清潔工，不但每天超時服勤，而且連服勤後的時間與自由，都要剝奪，就算是娛樂時間，也要當成役

男的任務，強迫參加，集體參加，每天五、六次「點名」，深怕有人「逃兵」，將軍營當成監獄在管理，這些口耳相傳、媒體不報的觀感，日積月累在民間發酵，台灣人民對軍隊有什麼好感，可想而知。

台灣黃埔軍人，這種絕對的集體行動畸形生活型態，使軍人喪失一般社會生存的社會感，高層軍官喪失社會感，所以喪失法治感，將部隊視為另一個社會，善於用「家法」來處理軍內事務，軍法體系受到軍隊指揮體系的管理，這也是台灣黃埔軍人，蔑視社會法治，以家天下治軍傳統的結果。台灣軍隊無法達到令人滿意的國家化，軍中法統氣焰高漲，和這樣基本的改革無成，有絕對關係。

空陸戰場

西太平洋天空之戰

　　2007年，全球的空軍市場發生了二件受人注目的事情。第一件事，中國發佈神祕的國產自製戰機殲10（J10），引發中國國內民族主義士氣高潮，配合解放軍建軍80周年，向世界嗆聲。第二件事，則是美國空軍下一代通用戰機F-35A，公開試飛成功。

　　殲10的出現，代表中國自製戰機終於進入1980年世代。而F-35A的出現，則是歐美日空軍，要將1980年世代的戰機淘汰。

　　美國空軍最新一代的主力戰機－F/A-22猛禽式（Raptor）匿蹤戰機，2005年10月15日正式服役加入美國空軍行列，2006年就部屬到關島安德森空軍基地，2007年猛禽訪問日本掀起高潮，隨即傳出日本有意率先向美國求購猛禽機，針對中國威脅的用意，不言可喻。

　　猛禽式戰機是目前全世界戰鬥力最強的戰機，最起碼20年之內，全世界沒有任何一個國家，可以發展出足以抗衡的先進機種，美國空軍因為猛禽式的服役，在21世紀前半，應該可以「打遍天下無敵手」。

　　猛禽式戰機的服役，也可帶動全世界先進國家、特別是美國盟國的下一代空軍戰力更換，特別是目前全世界最可能爆發戰爭的西太平洋，尤其是台灣海峽。

　　目前，因為美國下一代主力戰機正式到位，包括日本、南韓、新加坡等國，都已經購買美軍現役主力戰機，南韓與新加坡的F-15K與F-15SG，性能更遠超過美軍現役機種。

　　東亞各國下一代戰機更新計畫，除了台灣空軍求購F-16C/D Block52，卻因為台美關係降到冰點而暫時受阻外，美軍先進戰機的佈局，已經基本上完成在西太平洋地區圍堵中國的優勢。

制空戰機與先制打擊

　　猛禽式戰機造價高昂，單價高達1億8,000多萬美金，如果包括後勤維修成本，可能會高達3億4,000多萬美金，造價相當驚人，但是美國國防預算還是咬緊牙根支付。

　　在1980年代末期，美軍原本預計採購猛禽機的數量，高達400架以上，經過不到20年的時間，冷戰已經結束，前美國國防部長倫斯斐主導「以人的素質為主」的軍事改革，將造價昂貴的猛禽戰機採購案，一路砍到剩下拍板定案的179架。當然，後續隨著美軍年度預算，以及國際政治大環境的改變，採購的數量也可能繼續增加。

F-22A猛禽式戰機，已經率先部署在關島。（U.S.A.F）

　　而美國空軍另一種下世代主力戰機－F-35聯

合打擊戰機，2007年已經試飛成功，接續著猛禽式戰機的服役，短時間之內F-35也將進入服役。

與猛禽式戰機的高單價比較，F-35反而是在經濟與效率的思考下完成的下一代先進戰機，具備有簡單的空優能力以及強悍的對地打擊功能，並且有短場/垂直起降的效能，2004年12月，日本就決定加入F-35的研發生產團隊。

目前決定要換裝下一代戰機的南韓與新加坡，都已採購由美軍現役F-15鷹式（Eagle）戰機改良的F-15K（F-15E南韓版）和F-15SG（F-15E新加坡版）等機種，作為主力機種，2006年已經陸續服役，是太平洋區域軍事競爭的大事件。

F-15鷹式戰機是美軍從1970年代中期服役至今的空軍主力戰機，冷戰時代只有日本和以色列這樣的戰略夥伴才可購買。猛禽時代來臨，美國已經開始大量釋放F-15戰機的先進改良機種給盟國，所以很多的國家都對F-15的改良型興趣很高，紛紛加入採購行列。甚至台灣空軍在2006年也一度放話，要採購美國中古的F-15C戰機，暫時填補防禦空檔。

　　猛禽式戰機服役之後，類似日本、以色列等美國一級戰略盟友，極可能獲得美方信任，獲得經過「降級」的猛禽式戰機，除了分擔生產成本之外，也可以統一盟邦之間的裝備鏈結。而日本不排除自己發展下一代的匿蹤主力戰機，與南韓走類似的路線，2007年日本電視媒體也曝光，一架日本自己準備開發，外型類似猛禽式戰機的比例模型試飛的影片，引起關注。

　　日本的空中武力，目前是東亞周邊國家首屆一指的勁旅，雖然在二次世界大戰之後，日本原本名列世界前茅的航空科技發展，突然之間像是斷了線一般。但是，基於原本即已經有雄厚的科技工藝基礎之下，再加上冷戰時期美國的大量援助，日本的空中武力，在21世紀初期，已經不容世界各國小覷，也引起中國與南韓的疑懼。

日本的空中遠征

　　日本2004年派兵赴伊拉克支援美軍之後，除了突破憲法上的限制之外，也獲得非常可貴的海

外派兵、長距離快速部署的經驗，同時從美軍處
見習到真實戰場的種種動態，不論從何觀察，都
是一個划算的決定。派兵伊拉克，對於日本自衛
隊建軍規劃，也有深遠影響。

　　日本航空自衛隊，派兵後也開始針對軍事裝
備，是否適合海外的長途派遣任務，進行檢討。
檢討後最受世界矚目的動作，就是日本引進美國
的空中加油機，進一步延伸航空自衛隊戰機的打
擊能力範圍。這個決定，和新加坡引進空中加油
機一樣，是來自於海外派兵經驗的震撼。

F-2A戰機，是日本航空工業能量蓄積的結晶。
（Lockheed Martin）

　　日本的軍事科技工藝，有一個很重要的特色，就是科技質量的蓄積。從表面看起來，日本自衛隊所使用的各式裝備，都是走在歐美軍事大國的潮流之後，沒有引人注目的創舉，但是在事實上，並沒有那麼簡單。

　　以日本航空自衛隊目前的主力戰機來說，花了10多年時間，才完成研發工作的F-2A型戰鬥轟炸機，被視為是日本下個世紀的驕傲，但是觀其外型，卻只是美國F-16戰機的翻版，一般人看不出來這架F-2A戰機和F-16究竟有什麼不同？

　　甚至有人打趣說，這架有美國外型的戰機，是日本「被美國強暴的零式戰機」！但是，F-2A每架造價120億日圓，幾乎是美國F-117A匿蹤攻擊機的2倍，堪稱是全世界最高價的戰機。

　　從價錢觀察，除了可以看出F-2A所融合的高價位航電科技之外，也可以了解日本政府為了維持自主的國防產業，不惜成本奮力一搏的魄力。即使飽受日本左翼分子的抨擊，以及媒體的質疑，日本政府依舊不改其志，達成軍事自主目標。

事實上，觀察F-2A戰機的科技層次，並不是把它拿來與美國目前制式的F-16C/D戰機的外型比較，如此簡單可以概括的。

外型雖然保守，但是F-2A戰機融合了當時所有日本航空科技的精華，最受到重視的，就是一體成形的複合材料機身。在以往，飛機在機體和機翼的製作過程中，都是以「接合」的方式來進行組裝，這種工程方式雖然省錢，卻會造成飛機在高難度飛行動作的時候，無法施展開來。

目前各國的一線戰機，都是以此技術組裝，F-2A使用複合材料一體成型製成機身翼胴結構，後來的美製猛禽戰機，以及F-35戰機，也才跟著如此做。此外，日本也加大F-2A原本的機翼面積，可以讓F-2A在迴旋動作的時候，突破更多侷限。

日本航空界率先開發出在複合材料裁切技術，可以一併將機翼和機體一起裁切。這個一體成形方式，不僅可以讓F-2A執行某些高難度飛行動作之外，機翼和機體之間沒有接縫，也可以加強這架戰機的匿蹤性能。

日本也在F-2A戰機身上，塗裝自研的吸收雷達波塗料，日本目前的匿蹤塗料是世界一流水準，連美國都要向日本採購匿蹤塗料，使用在自己的先進匿蹤戰機機身上面。

2000年10月，第1架成軍服役的F-2A戰機，正式進駐在日本三澤基地服勤，到了2005年，航空自衛隊已經擁有65架的F-2A戰機，後續數量可能增加到98架。

日本採購的美製空中加油機，可配合F-2A戰機運作，實行遠距離攻擊任務。F-2A戰機的成軍，也代表日本空中武力，具備海外派遣的長程遠距部署能力，整個東亞範圍，包括中國內陸目標，都成為F-2A的打擊範圍。

日本是冷戰時代，亞洲國家唯一使用F-15這種重型戰機的國家，美國在冷戰時期只出售這種精密戰機給親密的盟邦，除了日本之外，只有以色列和沙烏地阿拉伯有資格購買，由此可以看出日本在美國眼中的戰略地位。

也為了日本特殊的航空規格，以及自行融合可以適應本國要求的航電科技，日本自行組裝的

F-15戰機，編號為獨步世界的F-15J/EJ（J是日本的意思，EJ為雙座機型）。

但是，隨著後冷戰時代來臨後，已經服役將近20年的日本F-15J/EJ戰機，會逐漸進行淘汰。雖然F-15系列戰機在世界戰機市場中，還是性能相當優異的高級產品，但是隨著來自俄羅斯可以進行高難度飛行動作的蘇霍伊（Sukhoi/Su）家族的威脅，F-15的優勢已經在漸漸流失中。甚至，在韓國2005年遴選下一代戰機的競標案裡，Su-35戰機，還成為F-15K的重要對手，只是後來沒有獲得垂青。

隨著俄羅斯戰機的優勢，美國空軍已推出下一代主力戰機F-22A，但是由於造價過於昂貴，連美國空軍本身也吃不消，每年的年度預算只能購買幾架，慢慢成軍。而日本目前已經擁有F-2A這個大錢坑，要繼續吃下次世代的匿蹤先進戰機，短期內也力有未逮。

因此，日本航空自衛隊目前正積極針對F-15J/EJ進行航電系統的提升。至2005年結束，日本所擁有經過改良過的F-15J/EJ戰機，共有210

架次世代F-15戰機在日本航空自衛隊服役,與先進的F-2A搭配作戰。

有了300架左右的次世代戰機服役,日本航空自衛隊下一階段,就是將授權生產自美國的F-4J幽靈式(Phantom)戰機淘汰,新曝光的日本設計匿蹤戰機,或者是未來可能購買的美製猛禽戰機,都會優先淘汰年紀已大的F-4J/EJ型戰機。

日本擁有世界唯一的特殊規格E767型空中預警機,原本計畫採購美國的E-3預警機,但是由於707/320機體已經停產,所以波音公司為日本重新整合,以改良式的預警雷達,配上新式的波音767-200ER機體組合而成。目前日本擁有4架同型預警機,未來也可能再增加數量,配合日本航空自衛隊原本的E-2C短程預警機,一起服勤。

此外,日本除了自製的C-1短程運輸機之外,也購買大量的美製C-130H中程戰術運輸機,日本的C-130H擁有空中加油能力,可以和美軍進行聯合作業,將日本空中戰略物資轉送到世界各地。2007年年初,日本也推出了自製的C-X次世

代戰術運輸機原型機，準備用來汰換C-1。

　　至於長程重型運輸機方面，英國皇家空軍眼見美軍在攻伊戰爭的優異表現，目前已經在檢討，是否要採購美國空軍新式的波音C-17全球霸王III式（Globalmaster III）重型戰略運輸機，而日本目前對於海外派遣軍的需求日益增多，海上自衛隊擁有相當完整的長程運載能力，航空自衛隊也不落人後。

　　目前波音公司已經鎖定日本，將積極推銷C-17全球霸王III式重型戰略運輸機。如果成交，日本將是除了英國外，世界上少數擁有全球戰略運載、全球到達（Global Reach）能力的軍事大國。

　　美國以外，包括中國在內的軍事次強權，都還在研究如何增加空中武力的能量，期望能夠在空中戰場，取得局部甚至全面的空優。但是，美軍從1990年代開始，隨著航空科技與工藝的進步，已經跨入另一個全新的空戰思想，而隨著這個革命性思想所帶來的，則是新概念設計的軍用機。以往我們所熟知的軍用機設計，在美軍革命

性理念的帶動之下，都已經不再算是優勢。

猛禽時代

　　從美軍下一代的主力戰機F-22A猛禽式戰機設計，我們可以一窺美軍全新的空戰思想。從二次世界大戰延伸至越戰的空戰哲學，強調的是戰機的速度快、靈活運動，可以在空中纏鬥的過程中，較敵機更快搶佔到有利的攻擊位置。從螺旋槳發動機，一路演進至噴射發動機、次音速、超音速的過程，都是戰機設計高性能的定義。

　　此外，對於戰機設計究竟要走「多功能」的大型化，或者是靈活運動的單一功能低價戰機，也在越戰時期有過不同的論戰，從美國海、空軍的F-4幽靈式戰機和主供外銷的F-5自由鬥士（Freedom Fighter）戰機來看，可以歸納出不同的思考。

　　越戰之後，基於作戰經驗，美國海、空軍相當重視空中纏鬥戰術，知名的海軍Top Gun空戰學校、或者空軍的紅旗（Red Flag）演習，就

是爲了要訓練出全新的空戰高手。而後越戰時代推出的主力戰機，F-16隼式（Falcon）多功能戰機，和F-15鷹式空優戰機的推出，也象徵美軍主要的空戰思想，還是著重在傳統的空中纏鬥，以及高速高空的空優運動。

從1980年代初開始進行研發的AIM-120先進中程空對空飛彈（AMRAAM），更是影響美軍空中作戰理念的重要里程碑。AMRAAM是世界上第一種可以進行全程主動導引的「射後不理」（Fire and Forget）中程空對空飛彈，射程接近60公里左右，可以使戰機在尚未看到敵機的蹤影之前，就發射飛彈攻擊，隨後立即脫離戰場，傳統空戰的纏鬥（Dog Fight）戰術，面臨新的挑戰。

視距外空戰，還必須搭配匿蹤（Stealth）戰機設計。在中國購買自俄羅斯的超級機動戰機，還沒有發現猛禽之前，就被來自天外的飛彈擊落，在被擊落之前，俄製超機動戰機，還沒有辦法在雷達幕上捕捉到敵機的踪影。

匿蹤設計加上視距外空戰能力，是下一代「制空」作戰的王牌，這也是21世紀之後，世界

各國都想盡快獲得的空戰能力，目前也只有美國具備。

　　此外，為了進行敵境內的穿透戰術，匿蹤設計與飛機操控的科技，更成為美軍下一代戰機設計工藝主流中的主流，除了吸收雷達波的機體塗料發展之外，機身外型的設計，如何融合性能與匿蹤的雙重標準，瞬時成為美國軍工業縱橫全球的祕密武器。

　　而匿蹤戰機為了降低雷達波反射面積，機身設計完全迥異於傳統戰機，所以機身形成高度不穩定飛行的外型，不符合傳統流體力學，必須借用機身上的超級電腦，並且撰寫出精密的跨世代線傳飛控（FBW）程式，在飛行中不斷運算，協助駕駛獲得最好的飛行狀況，並且做出高難度飛行動作，才是研發這種無敵匿蹤戰機技術的根本。也只有資訊工業強大，航空工業基礎雄厚的美國，才有這種能力。

　　F-22A猛禽式戰機的推出，最重要的就是融合視距外空戰、匿蹤、高空、超音速巡航、大量運用複合材料等所有次世代空優的特性，期望能

狗在空中戰場，完全主宰優勢天秤。

也有在台灣祕密考察的美軍飛行員說過，與中國的俄製戰機對打，用猛禽戰機，「是場不公平的遊戲」，猶如大人打小孩一般，贏來全無趣味。

超經濟空戰

剛剛在2007年試飛成功的F-35A閃電II式（Lightning II）聯合打擊戰機（Joint Strike Fighter, JSF），恰好是美國航空工藝的另一個代表。

F-35的外型，恰似是F-22A的縮小單發動機版本，同樣具備先進的匿蹤機體設計，還有短場起降/垂直起降能力。不僅制空、對地攻擊戰力超強，最重要的是，和重量級的F-22A猛禽戰機比起來，「F-35很便宜」。

F-35有超級匿蹤設計，短場起降功能，以及無敵視距外空戰能力，神通廣大的滲透轟炸能力外，最重要的就是，「便宜又大碗」。

F-35A試飛成功，準備改變21世紀的空陸戰型態。
（U.S.A.F）

　　在未來世代的空戰中，如果戰機不夠便宜，不夠經濟實惠，即使有超級的空陸作戰能力，依舊無法贏得訂單。航空設計的局限，從人類飛行時代開始至今，如何製造出便宜，且性能不差的戰機，是最重要的生存準則。

　　F-35是至今唯一辦到的機種，未來50年的戰機設計潮，將會隨著它公轉。

殲10官洩

　　對照美軍無所不用的發展下一代性能超級、

造價經濟的次世代戰機，中國2007年「官洩」
（官方正式洩密，卻裝做不知道）的殲10戰機，
就充滿了許多未知與創作出的謎一般的傳聞。關
於這架中國下一代國產戰機的揣測性新聞，從
1990年代中期到直到2007年1月「官洩」，一直
沒有停過。

殲10戰機首度「官洩」，中國自製戰機終於進入1980年代。

眾所週知，中國為了空軍現代化的工作，大
費周章向俄羅斯購買Su27SMK型戰機的生產授
權，利用瀋陽飛機公司的生產線自行生產200架
的國產殲11戰機。除了這個已經公開的計畫外，
一個更加機密的「10號工程」計畫，卻一直沒有

曝光，直到2001年1月，外界才首度透過網路上流傳的偷拍照片，獲得了殲10戰機的影像，引起世界關注。

殲10戰機從1980年代中、後期已經開始發展，從研發到服役，時間超過15年，2007年「官洩」後，依舊不斷在改型。除了雙座型戰機已經出現外，還有傳聞中的航空母艦起降海軍版，以及裝置有類似Su37戰機的向量噴嘴（Thrust Vector Control, TVC）發動機的超機動版等。

殲10是中國引進Su27戰機之前的計畫，根據所有公開的資料研判，殲十戰機獲得以色列（IAI）某種程度的援助。從飛機外型來看，殲10明顯參考了以色列已經胎死腹中的雄獅（Lavi）戰機計畫。

中國發展殲10的初期，正處於中、蘇對峙的冷戰後期，所以中國發展殲10的假想敵，是蘇聯當時的現役戰機，包括MiG29與Su-27等5代戰機。

冷戰結束之後，殲10戰機還是無法搞定，因為天安門事件中斷的美中軍事合作，導致中國數

個航空工業計畫告吹。中國和瓦解的俄羅斯達成
和解後，引進大量的俄羅斯航空技術，所以殲10
開始結合俄羅斯技術，試圖與初期以色列的技術
結合，這個突然的改變，可能也是殲10發展15年
以上才見光，至今依舊神祕兮兮的原因。

　　要同時組合以色列的美規技術與俄規技術，
特別是俄規發動機，幾乎等於要重新設計一架新
的戰機。以色列的雄獅戰機，是從美國F-16C戰
機衍生而來的，但是美國不可能出售高性能的發
動機給中國的殲10使用，也因此殲10必須從俄羅
斯進口高性能飛機發動機來搭配。

　　用F-16的機尾發動機空間，要裝配來自俄羅
斯龐大的AL-31FN發動機，整個殲10戰機的外型
流體設計幾乎全盤更動，不論進氣口或者機尾
設計圖都必須全部重畫過，搭配不同發動機飛行
後，以色列提供的線傳飛控程式（FBW）全部
被捨棄，這應該也延緩了飛機完工時程，但中國
航空界經由這個苦修，同時取得融合美、俄系武
器兩種不同的設計工藝技術的經驗，是一項大利
多。

1998年有傳聞，殲10戰機已經展開飛行測試，也曾經有傳殲10將會在1999年的天安門閱兵與世人見面，結果都是一場空，也讓航空情報界等到頭髮白。

1999年，台海情勢因為前總統李登輝提出「特殊國與國關係」論而緊張。從台灣空軍內部傳出消息，中國除了Su27戰機頻頻出沒接近台海中線外，殲10戰機也曾經趁亂矇混出海，除了進行飛行測試，也有考驗台灣軍事情報分析能力的用意。

據說，這是殲10首度出海測試，被台灣空軍監控的紀錄。

中國在1990年代初期，同步發展4種以上的戰機，包括殲10、殲11（Su27SMK）、殲8IIM戰機、FC-1（現已改名JF-17梟龍）輕型戰機以及著名的FBC-1飛豹式戰鬥轟炸機（殲轟7），在世界各國來看，是相當罕見的例子。

台灣空軍從1994年開始，短期間內換裝3種二代戰機，與中國同步開發4種以上國產戰機一樣，象徵了雙方空軍處心積慮，要在短時間內將

武力隔代提升的企圖心,在世界上皆屬罕見,也代表台灣海峽軍備競賽的激烈程度。

依照中國空軍可能的戰術構想,殲10戰機可能與殲11戰機形成一種高低配的搭檔,讓老舊的殲6(MiG19)、殲7(MiG21)戰機一舉淘汰殆盡,真正進入第5代戰機國家行列,追趕日、韓、台的腳步。

而殲10戰機由於產量可能很大,又融合西方航空界以及俄羅斯武器體系的特點,外加價格可能壓的很低,未來在世界軍火市場上,可能有受第三世界國家青睞的機會,例如中國就不斷對外放話,巴基斯坦對殲10非常有興趣,但是要如何解決發動機的問題,是殲10突破外銷市場的關鍵。

殲10是中國第一架採取西方飛機設計的國產戰機,讓中國空軍首次走出俄系戰機「便宜又大碗」的形象,所以受到矚目,而間隔上一次中國「官洩」國產自製戰機殲8,已經相隔近20年,可見中國重視殲10所帶來的民族自信提振效果,與2008奧運風潮相結合。

2007年網路上還有中國網友製造假消息，謂美國F-22A猛禽戰機侵入中國領空，遭到殲10戰機擊落，這個「猛龍」擊敗「猛禽」的軍事黑心新聞，也著實熱鬧了一段時間。

殲10戰機的主要假想敵，已從冷戰時期前蘇聯戰機，轉變為台灣空軍的二代戰機。殲10戰機對台灣空防的影響不會太大，因為中國已購得更先進的Su30MKK戰鬥轟炸機，未來入侵台灣領空的，應該是這種比較可靠的進口俄製頂尖戰鬥轟炸機。

野鼬行動

根據台灣空軍的評估，下一階段的軍購目標，幾乎鎖定對地攻擊武器。空軍背後真正的意圖，是在台灣海峽對岸的中國陸上目標，空軍打算購買更多的「多功能」戰機，既可以防空，也可以用來對付「遠距離」的陸上目標，實施境外打擊。F-16C/D Block52戰機的採購需求，就是為了「境外決戰」而來。

　　也有評估認為，一旦台美關係轉好，台灣又不斷提高國防預算編列，未來如果政治情勢穩定，台灣幾乎可以「想要什麼就買什麼，只要付得起錢」。而美國海軍現役的F/A-18E/F超級大黃蜂，就是個廉價而且划算的選擇。

　　超級大黃蜂具備強悍的對地武器掛載能力，甚至超過中國海軍航空兵的主力Su30MKK戰鬥轟炸機，而超級大黃蜂還具備Su30MKK沒有的匿蹤設計。但是，這些所有的構想，都必須在台灣解決朝野政治對立困境，建軍預算順利編列，加上台美穩定解凍後，才有發展空間。一般評估，在2008年底美國總統大選之前，應該不容易突破。

　　現實中，目前真正能夠進行「境外決戰」的台灣戰機，還是現役的F-16A/B Block20戰機。美方在台美軍售蜜月期的2004年期間，曾經有意出售AGM-88高速反輻射飛彈（High speed Anti-Radiation Missile, HARM）給台灣，讓台灣空軍具備「反輻射」攻擊的能力，已經有「境外決戰」的架式。而中科院的天劍2型飛彈，也早就

完成反輻射構型，IDF戰機也可能在有限的航程內，施行反輻射攻擊。

掛載HARM高速反輻射飛彈的美空軍F-16CJ戰機。
（U.S.A.F）

　　美國方面認為，HARM是真正的「攻擊性」武器，台灣空軍多年來一直爭取這一種關鍵裝備，卻都不得其門而入。

　　根據軍方的說法，美國很可能先將HARM的相關介面賣給台灣，讓台灣空軍的F-16A/B Block20戰機，具備發射HARM飛彈的能力，而

HARM飛彈實體，也可仿當年出售給台灣AIM-120C飛彈一樣，先儲存在海外，待時機再入境。

但無論如何，台灣空軍戰機未來掛載HARM飛彈，應該是必然。空軍目前配備的ASQ-213萊艙，額外掛載在F-16戰機的進氣口下方，提供HARM的尋標工作。

美國空軍目前用F-16CJ/DJ型戰機，專門配備HARM飛彈。這種戰鬥機稱為「野鼬（Wild Weasel）」機，是一種執行「壓制敵方防空」的任務（Suppression of Enemy Air Defenses, SEAD）。

所謂的SEAD，簡單說來，就是一種「開路先鋒」的工作，由空軍野鼬機打頭陣，先用HARM飛彈解決敵方的防空雷達與飛彈陣地，讓後續的機群可以大膽飛入敵方領空，攻擊更具價值的軍事目標。

也因此，如果台灣的F-16機群，有一小部分成立類似美軍的「野鼬」部隊，則空軍的境外決戰構想就可成真，以空軍戰機獵殺中國東南沿海M族飛彈陣地、重要軍港、通訊網路等的構想，

即可實現。

　　台灣空軍有這一種想法，也不是最近幾年的事情，因為技術已經發展成熟，加上美方的大力支援，所以中國軍方將最先進的S300長程防空飛彈（射程150公里）部署在福建、廈門、汕頭等地區，甚至連靠近香港的深圳都有一套，其實就是為了台灣空軍的「野鼬」作戰威脅。

　　大約從1999年起，就已經陸續有目擊案例出現，台灣空軍飛行員在美國路克空軍基地（Luke AFB）受訓，而該基地特有的F-16「野鼬」機的機身上，也漆有台灣的青天白日徽，因此有觀察家懷疑，台灣除了購買了150架的F-16A/B Block20之外，可能也買了若干Block52「野鼬機」！不過觀察歷屆軍火採購清單，可能性不高。

　　不論如何，目擊台灣空軍飛行員在美國進行「野鼬」訓練的消息，還是透過管道不斷傳回台灣，也有航空迷拍到照片，即使美國姍姍來遲同意出售HARM飛彈以及相關套件，恐怕台灣空軍早就完成了接收準備。

另一方面，美國近年對於出售台灣HARM飛彈釋出善意，也可能與中科院已經研發出同等級的武器有關。

據透露，中科院版的HARM已經在台灣的F-16戰機上試射過了。中科院發展天劍2型反輻射飛彈，其實是針對F-16戰機。也因此，不管是軍方或者是中科院方面，要建構一支台灣空軍「野鼬」部隊的想法，已經發展很久，至今儼然成熟。

空軍近年來所有的小動作，包括購買大量LANTIRN莢艙、ALQ-184電戰干擾莢艙、改良型小牛飛彈，以及計畫購買JDAM聯合直接攻擊武器以及最具關鍵的HARM飛彈等，種種跡象看來，「境外決戰」構想，空軍早就已經做好準備！根據軍方規劃，採購美軍同等級武器，要等到2009年之後才要開始正式編列預算，目前可能性不大。

另一種美方可能願意提供的JDAM「精準炸彈導引組合件與滑翔增程套件」（台灣軍方標準稱謂），也在評估當中。可能未來會與高速反輻

射飛彈進口與否，一起考慮。 JDAM是一種價廉物美的精確攻擊炸彈組件，可以提升目前台灣空軍精靈炸彈的攻擊效率，美軍在伊拉克戰爭中使用相當頻繁，實戰經驗豐富且戰果獨步世界。

　　空軍隨著2007年這波國防預算加碼，後續也再度計畫向美國提出採購攻擊性武器的新需求，其中還包括幫現役F-16加裝機背適型油箱（CFT），增加作戰半徑，且再度提出採購JDAM的需求。

　　值得注意的是，此次空軍向美採購JDAM還有加碼要求，可能加購由洛克希德馬丁公司研發的LongShot增程飛翼系統組件（Range Extension Wing Kit），這套組件可以加裝在JDAM炸彈上面，炸彈投射之後飛翼張開，可以增加JDAM的射程，2005年的台北航太展，洛馬公司就在現場促銷這套組件，引起注目。

　　2006年底中國的珠海航太展中，就展示出由中國國營航太公司研發的各式飛翼系統，加裝在中國產製的「雷石」（LS-6）精準炸彈彈身上面，引起世界矚目。空軍擬向美採購同等級的組

件，恐怕也與中國研發相關國產精準炸彈組件有成果不無關係。

阿帕契到台灣

台灣決定購入高達卅架長弓阿帕契攻擊直升機，圖為日本陸上自衛隊已經服役的同型機種。日本係由美國波音公司授權生產，航電系統由日本自己開發。（日本防衛省）

在陳水扁總統的堅持之下，2008年度的國防預算創下「新高」，加碼200億至3,500多億，直衝10年來的新高點，正式達到阿扁承諾的「佔GDP 3%」臨界點。

　　許多數年來受到預算排擠的軍購項目，紛紛撥雲見日、曙光乍現。其中，尤以2007年發生嚴重直升機空難的陸軍受惠最多，規劃擺盪將近10年的通用直升機更新「天鷲案」，將與攻擊直升機「天鷹案」雙案並列。

　　最讓人訝異的是，軍方已經決定要先購買30架的AH-64D長弓阿帕契攻擊直升機，原本激烈競爭的貝爾公司AH-1Z攻擊直升機，似乎已經中箭落馬。陸軍2001年提出阿帕契的採購構想，甚至不惜犧牲M1A2主力坦克的預算，執念之強讓人訝異。

　　攻擊直升機確定採購AH-64D，通用直升機的機種也已定，陸軍屬意MH-60/UH-60M型黑鷹特戰直升機，陸軍方面認為，未來的戰術想定改變，且特戰部隊編裝越來越小，新式通用直升機，不必要與現役UH-1H一對一替換，採購數目不會超過70架。

　　之前與MH-60型通用直升機對抗的，是貝爾公司的UH-Y。UH-1Y是以UH-1H的老設計，搭配上AH-1W的雙發動機為改良要項，軍方支持

選購UH-1Y的派別，都以「後勤統一」且價格較低的理由，強烈支持UH-1Y。但是，支持購買MH-60黑鷹直升機的一派，則強調UH-1Y係用支架起落，沒有輪子，使用上與現代思考脫節。

AH-64D阿帕契直升機進口台灣，究竟要做何運用？一直是引起外界好奇的關鍵。美軍使用AH-64D有成功實戰紀錄，都是在二次波灣戰爭中於沙漠內陸使用所得，台灣陸軍使用阿帕契的思考，則在於「灘岸防禦」，希望阿帕契直升機能夠「出海痛擊共軍登陸船團」。

波音與貝爾二家直升機大廠，在對陸軍提出戰術想定簡報時，多半以灘岸攻擊、海平面外攻擊等為促銷重心，但是在外有空軍執行同樣任務的情況下，陸軍想要再買30架阿帕契直升機執行同樣任務，也讓人有「不同軍種爭奪主導權」的聯想。

台灣目前已經擁有40架先進的AH-1W超級眼鏡蛇攻擊直升機，機隊規模堪稱東亞之冠，戰力甚至強過日本與南韓，更是中國解放軍陸軍航空隊所望塵莫及。

中國的武直10攻擊直升機，試飛時被偷拍公布。

　　中國目前正在積極研製國產的專業攻擊直升機，外界稱其為「武直10」（WZ-10）計畫，2006年中，已經有人偷拍到武直10機試飛照片，曝光模式跟殲10戰機很像。這種中國國產攻擊直升機，主要技術可能來自南非與義大利，未來如果能夠排除發動機、射控系統與武器裝備等整合問題，中國國產武裝直升機實力將會對台灣造成威脅，陸軍加碼購進阿帕契，也不無與中國互別苗頭的意味。

　　AH-64D Block2型直升機，目前在東亞市場一面倒全勝，包括日本、新加坡都已經採購完

畢，日本還爭取到授權生產，南韓原本也是AH-64D客戶，卻因為想要自己生產攻擊直升機，而將訂單延遲。台灣獲得30架阿帕契後，將單獨成立一個營，全力在台北市進行反斬首戰術任務。

不過，在台美關係冷凍的情況下，波音是否能夠順利出口阿帕契到台灣？目前也有變數。

除了有人飛機的發展之外，無人飛機的領域，也是目前世界各國都在追趕的課程。不止美國使用經驗豐富，以色列在歷次中東戰爭中，也累積了非常雄厚的無人飛機研發和製造的經驗。中國近年來的無人飛機科技，幾乎都來自以色列。

2003年在伊拉克熱戰的情況下，阿富汗的天空也正有好戲可看。美軍當時正悄悄的，以最尖端的無人飛機科技，實驗全新的頂尖無人戰術。

無人飛機臨空

當年11月，一架美國空軍的無人飛機（Unmanned Aerial Vehicles, UAV），攜帶4枚地

獄火（AGM-144, Hellfire）空對地導向飛彈，在
阿富汗邊界外成功狙殺6名乘坐賓士轎車的基地
組織首領，引起世界震撼。除了美國將反恐戰
火，拓展到阿富汗境外之外，使用無人飛機加上
導引飛彈成功進行攻擊，已經為人類戰爭史寫下
嶄新的一頁。

　　這架創下戰爭史紀錄的無人飛機，名叫做掠
奪者（Predator, RQ-1）式無人偵察機，是美國空
軍發展無人飛機科技的重要里程碑。從越戰時期
開始到1970年代的歷次中東戰爭，美國與以色列
使用無人飛機操縱科技，越來越純熟。

掛載地獄火飛彈的掠奪者無人飛機，創造戰爭史的新紀錄。
（U.S.A.F）

　　美軍在越戰時期大量使用無人飛機進行偵查
作業，以減低偵察機飛行員的傷亡率。越共與中

國軍隊在越戰時期，擊落的數架「美帝」間諜機中，就有幾架美國製的火蜂式（Firebee, AQM-34N）無人偵察機。

1982年6月，舉世聞名的貝卡山谷空戰中，以色列空軍用無人飛機當作誘餌，誘騙敘利亞軍隊的防空飛彈開機，然後用攻擊機解決掉防空飛彈陣地，而後以色列空軍戰機如入無人之境殲滅敘利亞空軍所有戰機。這次成功運用無人飛機的經驗，是人類戰爭史上最成功的電子作戰經典範例，以色列也因此而成為世界上數一數二的無人飛機科技大國。

無人飛機雖然在發展初期都以偵察機的身分出現，提供給友軍清晰的戰場「實況轉播」，但是在1990年代之後，無人飛機的研發開始朝著「匿蹤」、「長程」、「高空」以及「戰鬥能力」等方向前進。也因此，無人戰鬥機（Unmanned Combat Aerial Vehicles, UCAV）成為歐美各先進國家積極開發的領域。

美國波音飛機公司，近年連續推出兩架先進的匿蹤無人機概念，分別是X-45型匿蹤無人

戰機，以及另一架高度保密的揭密者（Unveils Bird）匿蹤無人飛機，都象徵美國在無人飛機科技領域，已經遙遙領先世界。

中國在2006年珠海航空展期間，也推出國產的匿蹤無人戰機模型，這架被命名為「暗劍」的無人戰機，象徵中國空軍也緊追美國無人戰機的腳步前進。

阿富汗戰爭初期，神學士政權號稱曾多次向高空的美軍大型偵察機開火，其實這種偵察機是美國空軍首次使用在戰場上的全球之鷹（Global Hawk, RQ-4A）式長程高空匿蹤偵察機。

全球之鷹在2001年4月才創下橫越太平洋進行偵察任務的紀錄，然後不到半年的時間，隨即投入阿富汗戰爭，並且刻意被電視媒體拍到，觀眾可看到阿富汗上空一架白色的巨型無人飛機在飛行，對於當時阿富汗神學士政權有不小的威嚇作用。

而在戰場低空短程的偵照任務，則交由美國空軍現役的掠奪者執行。根據美軍統計，在阿富汗戰爭開始的52天裡，光光是掠奪者的執行任務

次數，就高達4,600架次，斬獲極多的基地組織山洞基地。

無人偵察機的即時（real time）戰場資訊有多麼重要，外行人可以藉著電影《變形金剛》情節窺見一二。

電影中，美軍派遣掠奪者遠赴沙漠某地，觀察與支援和外星變形怪蟲苦戰的特種部隊隊員，藉著掠奪者的即時影像傳遞，遠在華盛頓的國防部長，當機立斷派出A-10攻擊機，以及AC-130H空中炮艇機，用超強火力支援受到攻擊的友軍。

整個即時指揮與命令系統的傳遞，藉著掠奪者由網路傳輸，華盛頓總部與沙漠一隅的士兵即時連線，未來戰場管理技術面貌的變化，藉著《變形金剛》電影就可以窺見一二。

在以色列境內的反恐戰爭經驗中，以色列陸軍的AH-64D阿帕契戰鬥直升機，搭配地獄火飛彈，一直是恐怖分子相當畏懼的組合。而美國空軍進一步將地獄火結合無人飛機使用，這一部分也是從以色列取經的結果。

未來台灣如果面臨艱苦的城鎮攻防戰，無人

戰機也是獲得戰場機先的憑藉，這也是中科院這
幾年不斷拚命研發自產無人飛機的緣由，近年也
有一些成果，但是距離實用還有一段時間。幾次
漢光演習，中科院也展示過用無人飛機觀察演習
的能力。

　　除此之外，中科院也積極推動無人飛行載具
反輻射攻擊型的研發，利用無人飛機進行對敵軍
防空陣地的反輻射攻擊，目前已經開始進入研發
階段，估計也是到2008年會有成果。

　　2003年5月，美國軍方證實，中國在台灣對
岸實施的軍事演習，首度使用從以色列買回來的
無人飛機。美軍情報認為，中國使用無人飛機進
行模擬戰術訓練，其威脅性不亞於才從俄羅斯購
得的AA-12主動中程空對空飛彈。而以色列與中
國之間針對無人飛機科技的軍事交流，也引起美
國向以色列表達強烈不滿。

　　未來數位科技的戰場上，驍勇善戰的戰鬥
人員，將大部分留在前進基地中，指揮各種無人
載具進行戰鬥。駕駛無人戰鬥飛機的情境，就如
同操作電玩即時連線遊戲一般的容易。戰場上所

有載具的折損，將不會直接損失太多的人命，戰
爭成本的付出將減至最低，這種科幻小說式的情
境，將在10年內逐一實現。

台灣中科院2007年推出的無人戰機概念模型。
　（by 陳宗逸）

數位化陸地戰場

　　民進黨執政8年以來，「雲豹」甲車的推出，是與美軍在伊拉克戰爭中使用「史崔克」（Stryker）甲車進行現代化城鎮戰術同步進展的驚人發展。隨著台灣未來面對中國武力威脅，如何反制斬首戰與特攻作戰成為主要課題，陸軍近年來面對世界各先進國家，縮小規模、增強專業化以及機動快速高火力打擊的研究與戰場經驗成熟，雲豹的出現，算是台灣陸軍未來亟需轉型，第一張成績單。

雲豹誕生

　　歷經了3年多的研製過程，由台灣陸軍兵工整備發展中心（簡稱「兵整中心」，隸屬於國防部軍備局）主導的雲豹8×8輪型裝甲車，是台灣有史以來所推出的第一輛自行研發、設計與製造

的8輪甲車,未來將大量運用在台灣陸軍、憲兵與特種部隊中。

雲豹甲車的量產,是台灣國防自主近10年來少見的亮眼成績。(兵整中心)

包括總統府緊急疏散的「萬鈞計畫」,也使用「雲豹」來替換V-150型4輪裝甲車,作為總統在緊急應變時,高速脫離的裝甲車種。

陸軍兵整中心在1992年,就已經完成CM-31型6輪裝甲車,但是一直拖到2000年,陸軍都沒有大量更換現役V-150輕型甲車的計畫。從1980年代末期以來,世界各國都已經進入8輪裝甲車時代,究竟6輪還是8輪比較適合台灣?在陸軍內

部都一直沒有共識。

2002年，台灣國防部正式編列預算，要求兵整中心開始進行8輪裝甲車的研發工作，整個計畫高度保密，世界各國、特別是歐美幾家輪型甲車大廠，包括美國陸軍現役的史崔克甲車廠商，都紛紛來台灣探尋8輪裝甲車更換的可能商機，也讓兵整中心在研製雲豹的過程之中飽受壓力，可見台灣市場的商機無限，而也是在如此嚴峻的激烈競爭下，雲豹的品質更需通過進一步考驗。

從實際使用面評估，雲豹8輪裝甲車的外型雖然先進，但是在輪型裝甲車最重要的車身諸元素上，還有一些改進空間。

最大的問題，是雲豹高達22公噸的車重。車重過重、車用發動機的扭力無法讓裝甲車「一股作氣」衝上測試坡道外，也透露出中科院所設計的車外附加裝甲，可能也有另一方面的疑問。

過重的車身，其實是為了防禦力比較好的裝甲所犧牲的性能，但是同樣的戰場存活設計，雲豹比歐美同型車過重。

美軍現役的史崔克（Stryker）8輪裝甲車只

有16噸左右，日本陸上自衛隊自己研發的96式
8輪輪型甲車，也只有14.5噸。同樣使用350匹
到400匹馬力的柴油發動機，雲豹的劣勢顯而易
見。

　　主要的關鍵，或許在抗彈裝甲技術有落差的
情況之下，雲豹必須加重、加厚裝甲重量，來增
強避彈能力的無奈。對於此，兵整中心在2007年
度生產完畢的6輛預量產型雲豹車上，可能會有
所因應。

台灣未來主力戰車

　　而在2007年台北航太展中，雲豹更以嶄新面
目面對市場。尤其以具備105公厘砲塔的雲豹甲
車最受注目，塗裝有先進數位迷彩的雲豹甲車，
一改台灣陸軍守舊形象，效果不言可喻。

　　而105公厘低膛壓炮由軍備局聯勤202廠自力
研發，砲塔設計類似十幾年前美國為台灣量身打
造的M8輕戰車（M8 Buford AGS）的多角度焊接
設計，未來也可能有加掛複合裝甲的配備。輪型

甲車配備105公厘低膛壓砲，是目前世界主流科技，中國解放軍也有同級配備，未來是登陸台灣作戰的主要裝備，台灣陸軍配備同級武裝可互別苗頭。

據了解，105公厘的雲豹砲車，海軍陸戰隊已經決定購入起碼60輛，未來運用在林口台地快速反應部隊，針對中國武力犯台的台北首都「斬首戰術」，可以依賴國道高速公路網移動的雲豹砲車，是可堪考驗的利器。

日本陸上自衛隊派兵至伊拉克協助美軍作戰，在獲得了戰場實際經驗之後，對美軍在伊拉克境內使用的史崔克8輪裝甲車印象相當深刻，日本防衛廳也已經宣佈，放棄日本自製的96式8輪裝甲車，考慮改為與美國合作生產日本版的史崔克。

史崔克8輪裝甲車在伊拉克的使用，經過嚴格的戰場實際使用經驗，不斷有更新的改良，目前整個系統已經相當的完善，也堪稱是全世界唯一有實際大規模作戰經驗、可經得起考驗的車種。

　　日本防衛廳多年來一直都堅持裝備自主研發，不惜投入高昂的國防預算，輔助生產各種日本自製的武器，此次破天荒決定捨棄96式而就史崔克，算是破了日本陸上自衛隊的紀錄。

　　也由此處可看出，雲豹面對世界市場競爭，所必須面對的巨大壓力。但是日本在擁有甲車技術後，在正式檢討作戰方式之下，選用具有實戰經驗的美製品，台灣的雲豹之路，在做出車子之外，陸軍是否具有如何運用輪型甲車，以適應現代化城鎮戰場的心理準備，才是真正的課題。

　　2007年4月的玉山兵推中，憲兵緊急支援府院高層首長的應變計畫，首度在媒體前曝光。外界看到憲兵使用高齡40歲的V-150輪型甲車疾駛台北街頭，四處接送高層首長，皆感不可思議。也可窺見雲豹換裝的壓力。

　　此次兵推演練中，也只有總統，能夠搭乘較為新穎的CM-31型6輪甲車，這也是憲兵極少量服役的新式輪型甲車，未來也可望被雲豹8輪甲車取代。

　　雖然雲豹甲車的性能還有改善空間，且車內

多種武裝系統皆依賴進口維持產能，但是國防部也已經決定加碼採購大批雲豹輪型甲車，初步將優先供應憲兵使用，作為未來府院高層應變計畫的主要載具。

憲兵更新之後，陸軍使用多年的M113履帶裝甲運兵車，也會逐步被雲豹取代，未來台灣陸軍裝甲車輛可能會以輪型甲車為主的面貌出現，至於陸軍是否有未來新的履帶裝甲戰鬥車、甚至新式主戰戰車出線，目前希望都不大。

陸軍也有部分人士認為，新加坡國防部2006年底，決定向德國進口66輛二手的豹2A4式（Leopard2A4）主戰車，外加30輛同款備用坦克，高達百輛的大手筆交易，就引起台灣軍方關注。

新加坡是個城市國家，地小人稠，該國卻大膽進口重型主戰車高達百輛，這顯示了目前世界主流趨勢，所謂「重型戰車不適合地小人稠國家」的論調，已經不再合宜。

美軍在伊拉克逐城苦戰，所有嚴重衝突的城鎮戰爭都依賴噸位龐大的M1A2主力戰車，可見

得主力戰車並未被時代淘汰，地位反而越來越重
要。

新加坡派兵參與伊拉克戰爭，或許已經學得
美軍的主力戰車城鎮戰經驗，所以才大膽向德國
進口百輛主戰車，台灣一向與新加坡軍事交流密
切，新加坡的這個轉變，可能也會直接影響未來
台灣採購新一代主戰車的戰術思考，非常值得關
注。

數位管理

在以往的台海戰爭論述中，陸戰往往是被忽
略的一環，不止陸軍被海、空軍邊緣化，軍事評
論也少有著墨陸軍作戰的篇章。

事實上，近年來美軍與中國解放軍在技術
層面拉大差距，最主要的就是陸地作戰。中國在
陸地作戰的領域，同時存在19世紀與21世紀的特
色，差距過大的時代包袱，是中國軍隊無法擺脫
劣勢的絕境。

而未來台海戰爭的威脅，事實上包含著三

度空間的立體特種作戰，斬首戰術就是城鎮作戰的重要特色，可見陸地作戰不可忽略，而這也是台灣軍事最弱的一環，我們可以從美國陸軍的轉型，看出雲豹甲車在台灣出現，具有多麼重大的意義。

　　使用8輪裝甲車，除了必須要有性能優異的載具之外，美國陸軍根據史崔克甲車的性能與作戰彈性，實驗性的編裝全數位化的實驗打擊旅，也有人稱這支實驗部隊為「史崔克旅」。

史崔克旅的實驗，讓美國陸軍進入數位化時代與高效率戰場管理。（U.S.Army）

　　這支部隊在2003年美國進攻伊拉克初期才開始實驗編裝，並且立刻投入伊拉克戰爭，證實小部隊、高科技高素質人員搭配史崔克裝甲車的作戰性能，是一個有效的戰術決定。從史崔克甲車的運用開始蛻變，美軍的經驗值得台灣陸軍參考。

　　早在30年前，美國就開始從人力運用，轉變為知識戰術為主作為思考方向，就是所謂的「第三波轉型」。基於改變人力素質結構以迎接全面革命化的部隊支架，美國陸軍提出一連串配合國防部軍事事務革命（RMA）的先進計畫。

　　除了先進步兵武器系統外，更讓人吃驚的革命性轉型（Transformation），正在美國陸軍組織裡面發酵。其中，最關鍵的部分，就是由美國陸軍主導發展的FCS未來戰鬥系統（Future Combat System）。

　　FCS概念的出現，是在2003年伊拉克戰爭前不久，由美國陸軍副參謀長，正式提出的一種戰術革命性突破。

　　它的目的，是讓美軍能夠在21世紀持續保持

擁有一支獨步世界的地面武力。主要的重點，是讓美軍能夠在全球任何一個地方，96小時內部署完成1個旅的兵力，120小時內部署1個師，30天內部署5個師。為了達成這種短時間內「全球到達（Global Reach）」的戰略要求，美國陸軍提出的FCS計畫，就是將美國地面部隊全面的「速度化、輕裝化、數位化」。

其實這種區域性快速部署的概念，美國陸軍早在冷戰後期就已經提出，當時主要是在世界各個軍事衝突熱點（例如西歐、中東），部署有小型輕量化武裝、可快速移動的特別編制部隊，稱為「快速部署部隊」。

擁有這類快速反應能力的部隊，還是以美國陸軍各個空降師、山地師、特戰部隊為主，一般的機械化師部隊，還是停留在傳統部署方式，沒有改變。而冷戰當年的全球戰略思考，陸軍並不屬於需要革命性轉型的軍種，美國軍方主要的投資，還是放在海空軍身上。

後冷戰時期的國際戰略情勢產生巨大變化，原本全球性的軍事衝突危機，轉為區域性的低度

戰爭，美國從1991年的波灣戰爭開始，體會到地面部隊對於戰場的決定性影響，但是當年的美國陸軍地面部隊，依舊擺蕩在「後越戰效應」影響上，轉型尚未開始。而之後一連串介入國際區域性衝突與聯合國維和任務的經驗，讓美國陸軍更加迫切體會到組織轉型的重要性。

以往適合大規模地面決戰的戰術思考，日後將必須轉型為高度數位化、機動性極強的小部隊。這個發想，從支持大規模、高預算進行軍事轉型的布希政府開始積極進行，由前國防部長倫斯斐擔綱演出，將美國龐大陸軍部隊徹底改換面貌終於上場。

史崔克旅

伊拉克戰爭開打之前，其實美國陸軍已經開始操作全數位化、機動的小型實驗部隊。這個類似FCS的戰術概念，由一個叫做SBCT「史崔克」旅（Stryker Brigade Combat Team）的實驗小型部隊，開始在美國本土境內的進行演練。

　　所謂的SBCT部隊，就是一個經過輕量化設計的地面部隊雛型，大量使用史崔克式8×8輪型甲車所衍生而來的各種功能戰鬥車，取代傳統機械化步兵大量運用的M-1艾布蘭（Abrams）主戰車搭配M-2/M-3布萊德雷（Bradley）步兵戰鬥車兩種履帶車種的搭配。

　　使用大量輪型甲車，除了可以方便輕量化利於快速部署的要求之外，也更方便於應付未來將越來越多的城鎮游擊戰場。這支SBCT部隊的成軍，象徵美軍開始邁向FCS的決心。

　　在2003年初，伊拉克戰爭最激烈的巴格達機場攻防戰中，美國並沒有出動尚在實驗階段的SBCT部隊，依舊以傳統機械化步兵第3師搭配特種部隊行動。但是，在美國陸軍本土基地進行的戰鬥測試中，SBCT部隊已經被證明，可以用更精準的戰術，有效對付類似巴格達機場攻防戰的這種全新城鎮作戰環境。

　　為了實驗SBCT部隊概念的可行性，在後伊拉克戰爭的綏靖期間，美軍投入SBCT部隊於伊拉克境內，驗證史崔克輪型甲車與數位化步兵搭

配的結果，對於非傳統性戰場的有什麼決定性的
改變。

2003年5月才第一次成功通過演習測試評估
的史崔克輪型甲車，與SBCT部隊一起在伊拉克
當地實際操作的結果，受到美軍好評。這對於預
計2008年開始啓動的FCS系統工程，是個喜訊。

FCS可以進一步以SBCT部隊的操作經驗爲
主，發展下一代真正屬於FCS的戰鬥車輛，畢竟
史崔克輪型裝甲車，也是由美國海軍陸戰隊現役
食人魚輪型裝甲車所發展而來。

FCS未來戰鬥系統

未來FCS戰鬥載具，由波音（Boeing）公司
與聯合防衛（UD）公司合作，推出具有模組化
特性、重量嚴格限制在50噸以內、外型具有匿蹤
設計，操作成員大幅度減少，使用電磁主砲，具
有自動化低矮設計砲塔和先進防護裝甲的主力戰
車。大體分成輪型和履帶兩種系統，也可被美軍
現役的所有戰術與戰略運輸機輕易載運，FCS系

統中的先進戰鬥車，將會有新面貌。

　　但是，FCS系統中最重要的，並不是這些外型酷炫的戰鬥車，或者是未來步兵戰士（Land Warrior）的外觀，而是部隊架構中相當先進的情資蒐集命令數位鏈結系統。

　　未來FCS結合新建構的陸基自動目標辨識系統（ground-based automatic target-recognition systems）、反雷達科技、目標行進預測、除雷系統，UAV無人偵察機以及與其鏈結的陸基指揮站，無人戰機（UCAV）的運用，會在2008年FCS開始操作之時，擁有更重要的地位。

　　此外，史崔克旅有一個很重要的ISR情報偵蒐營，這個營編制與傳統步兵的偵蒐營完全不同，它可以透過快速的陸軍情報鏈結網路和陸基C⁴ISR系統站，直接處理戰場即時資訊與命令下達。

　　台灣陸軍近年來才購買一個美軍電戰營的設備，直屬於陸軍總部的編制，但是美軍已經思考將總部級的參謀作業扁平化至旅級偵蒐營。由此可見台、美軍事領導階層之間，對於戰場即時情

報與命令的看法相當不同，這也是台灣陸軍必須
面對的鴻溝。

　　人的因素一直是台灣軍隊的難局，台灣目前
尚依賴大量的義務役充員兵，作為國防作戰的主
力，而且高層軍官均經過國民黨法統思想的「黃
埔精神」洗禮，不只政治意識缺乏台灣主體意
識，在吸收新知、觀念，資訊化，先進管理概念
等層面，幾乎無法與世界接軌。

台灣海外派兵？

　　在伊拉克熱戰初期，曾有台灣「是否派兵助
美」的議論，在台灣毫無國家地位，缺乏與世界
各國軍事交流經驗的情況之下，派兵伊拉克也突
顯了台灣軍隊人力素質的尷尬。人的資源無解，
更遑論能夠達成軍事轉型革命的期待，更別說以
美軍先進思潮，對抗來自融合19世紀與21世紀雙
重標準的軍隊挑戰。

在伊拉克值勤的南韓士兵。　(U.S.Army)

　　美國聯邦眾議員羅拉巴克（Dana Rohrabaoher）2004年提議，希望布希政府讓台灣派兵赴伊拉克，支援美國軍事行動。台灣是否要派遣部隊開赴伊拉克？甚至台灣的海軍陸戰隊是否如美國眾議員所稱，是一支3萬5,000名的精銳部隊？

　　一旦派兵伊拉克成眞，以台灣目前的部隊訓練與裝備，是否眞的可以承受國際維和任務？這些問題，其實可以分成好幾個層面來看，但是在台灣媒體一窩風炒作的效應下，所有的專業問題

全部都混雜在一起。

其實這個提議並不新鮮，2004年4月27日一位屬於「藍軍」（被解讀為「支持台灣、圍堵中國」派的）美國學者崔普勒（William C. Triplett, II），就曾經向《華爾街日報》提出過。

羅拉巴克的提議，明顯受到崔普勒這個看法的影響，但是這個提議只是眾議員個人意見，沒有在美國政界或者輿論發酵。即使羅拉巴克的提議經過連署，在眾議院通過，還必須送參議院決議，假如通過參議院決議，還是沒有法律約束力，不是法案，美國總統幾乎沒有可能採用這個提議。

就政治層面而言，這個提議八字沒有一撇，但就現實層面來看，台灣海軍陸戰隊是否如崔普勒和羅拉巴克所言，是一支「3萬5,000人的勁旅，戰力大約等於美國1至2個重裝師」？

首先就人數來說，目前台灣的海軍陸戰隊，經過歷年精實案與精進案的消耗，只有大約2個師不到的數量，精確數目是國防機密，但是根據粗估應該只有2萬人左右，部分駐紮高雄左營海

軍軍區，部分部署林口高地以因應中國斬首作戰，少部分部署在金門與馬祖外島，至於台灣海軍陸戰隊目前的戰力估計，則是另一個複雜的問題。

就如同崔普勒在華爾街日報上面所說，台灣陸戰隊如果被派駐到伊拉克，「在與南韓、日本、北約維和部隊的聯合演練中，可以達到改造台灣軍隊組織的目的」。其實，崔普勒的意思是，台灣軍隊現階段急切地「需要與國際最新軍事潮流接軌」，在陸戰隊派赴海外的互動中，其實對台灣軍事改革是一個相當好的事情。既然崔普勒稱讚台灣陸戰隊「有高昂鬥志和精良訓練」，為什麼還要「出國比賽」？

頭插三根草　滿山遍野跑

台灣社會一般的看法，都認為海軍陸戰隊「很操」、「很勇」，看起來肌肉比較結實，有時候表演蛙人操好像蠻唬人的。身體光光的蛙人，以往都是舊國民黨政府宣傳反攻大陸「打第

一仗、立第一功」的主角，這種觀念延續下來，也造成台灣陸戰隊在民間很不錯的印象。

事實上，在多年來台灣軍方缺乏與世界各國交流經驗的情況下，目前依舊承襲第二次世界大戰留下來步兵作戰準則的台灣海軍陸戰隊，可能沒有辦法適應21世紀潮流的資訊化戰場。

蔣介石時代建立起來的陸戰隊作戰觀念，就是要「勤儉建軍」，「精神戰力大於物質」，這種觀念目前世界上只有第三世界國家、以及當年海珊帶領下的伊拉克軍隊還在信這一套。現代化戰爭是用鈔票在堆砌，精良的訓練、裝備、武器，處處都要花大把的鈔票。

我們看看開赴伊拉克戰場的美軍一般步兵，身上所穿著的整合式頭盔、防彈背心、多功能戰術背心、背負式水袋、夜視裝置等，不包含更加昂貴的模組化步槍系統，以及最重要的高薪，每個單兵全身裝備的價格，大約40萬新台幣上下。

這些高級的個人作戰裝備，目前連台灣最精銳的反恐怖憲兵特勤隊（MPSSC）都沒有，更遑論台灣的陸戰隊一直都是「克難英雄」，更難想

像一般的陸軍部隊，是如何地變成「乞丐兵」？

　　這些也是蔣介石帶來「黃埔精神」的災難性影響。陸軍與海軍陸戰隊，連最基本的個人背負裝備，到今天還沒有美軍從越戰就開始使用的H帶等裝置，到現在還是一條S腰帶用到底。此外，海軍陸戰隊士兵沒有迷彩盔布，自己用油漆在頭盔漆上與服裝同色的迷彩圖樣，也是「勤儉建軍」的表現之一。

　　昂貴的裝備先不提，光光是作戰訓練的退化，台灣海軍陸戰隊也沒有辦法關照到國際維和任務。台灣軍隊目前還在延續二戰時代的刺槍術等落伍教育準則，以往被外界笑「頭插三根草、滿山遍野跑」的狀況，到今天都沒有改變。

　　近年來軍方開始注重所謂的「城鎮戰」（住民地作戰）訓練，但是演習作秀的成分大於實際意義，在一般海軍陸戰隊步兵的裝備不符合現代潮流的狀況之下，要以「打野外」的裝備開赴伊拉克進行「反恐怖任務」，實在是相當驚險的事情。

與澳洲部隊一起在伊拉克值勤的日本陸上自衛隊。
（Australian Department of Defense）

　　從後冷戰時代開始至今，歐美各國的國際
維和任務經驗不斷累積。歸納起來，先進的維和
任務部隊，必須具備城鎮戰與反恐怖的相關技
能，這牽涉到部隊是否受過CQB作戰訓練（Close
Quarter Battle）、武器快瞄快射訓練、狙擊手戰
術、小部隊武力偵蒐等等，這些先進的技能是目
前台灣軍方高階將領，從國防部長以下，一脈相
傳欠缺的概念。

　　以往陸軍曾經派過幾波的年輕軍官，赴美國

游騎兵（Rangers）特種部隊基地學習相關知識，但是一旦回國之後，這些接觸過先進概念的年輕軍官卻立刻被「黃埔精神」吞噬，這也是台灣軍方相當嚴重的「反智、反淘汰」傾向。曾經有傳言，湯曜明當陸軍總司令的時候，只要在辦公室聽到有人說英語，就會在辦公室發飆開罵。

　　此外，國際聯合軍事行動的狀況很多，台灣海軍陸戰隊也缺乏大量具有國際溝通能力的中階軍官，訓練準則與作戰觀念與世界潮流脫軌半世紀，台灣陸戰隊即使真的被派到伊拉克作戰，恐怕會變成國際維和部隊的負擔之一。

以色列與巴拿馬

　　美軍曾經在2001年評估台灣軍力，「本來以為是以色列，結果竟然是巴拿馬」，說的就是這個問題，美方不斷期待民進黨政府迅速進行軍事事務革命，為的也是這種尷尬。

　　美軍私底下曾經評估，一旦台海發生狀況，希望台灣軍隊不要干擾美軍作戰，海、空軍領域

或許有聯合作戰的空間，但是在陸地作戰上，台灣的地面部隊現階段還不具備國際聯合行動能力。言下之意，美軍準備接手一切，全部包下來，甚至有請類似黑水（Black Water）這樣的跨國保全公司，取代台灣國防部的意見出現。

海軍陸戰隊在21世紀看起來，是一可以整合三度空間作戰能力的「融合性軍種」，意思也就是說，在一個軍種裡面同時擁有陸、海、空三個領域作戰能力。美國海軍陸戰隊的單獨作戰能力，甚至比大多數中、小型國家的全部軍力還要靈活，由此可見這種「快速部署」（Rapid Deployment）的思考。

台灣地小人稠，三個龐大的軍種編制，本來就應該朝向少量質精又專業的「國防軍」體制，但是由於三軍種本位主義、軍事人事鬥爭與既得利益者負嵎頑抗，陸戰隊究竟要變成什麼面貌？是攻擊性的快速部署部隊，還是乾脆裁撤掉節省國防資源？到目前為止都沒有定論，也沒有人願意出面負責。

也因此，原本應蔣介石要求「反攻大陸」而

模仿美軍陸戰隊大編制的陸戰隊，也面臨政治情勢改變而更加尷尬的境地。是否派部隊前往伊拉克的討論，也可順便幫外界了解台灣軍事現況的窘態。

　　但是在美軍多年來的強烈要求與質疑下，台灣陸軍內部也有一些改革的聲音，前司令胡鎮埔任內，大力培植特種作戰軍力，也獲得一些成果。例如從台灣陸軍最近非常注重的狙擊手訓練，就可窺探出一些改革的味道。

台版神槍手

　　2005年，在軍事預算大幅度增加的利多下，國防部已經編列大規模預算，採購反恐特種部隊裝備。以往台灣陸軍幾乎「繳白卷」的狙擊兵訓練，也已經成形。2006年陸軍開放新竹湖口裝甲兵基地的北訓中心機械化部隊實彈演練，由陸軍谷關特戰中心所支援的「反恐任務編組」狙擊兵小組，也神祕出現在現場。

　　陸軍祕密向美國採購的大口徑M-82A1M

型反物質狙擊槍，以及和美國陸軍現役同步的M24A1型7.62mm手動狙擊槍，都在此次實彈演習中曝光。

軍事狙擊兵和警方狙擊手的定位與訓練，編制上南轅北轍。警方的狙擊手務求「一發必中」，迅速解除危機，非必要不能開槍。而屬於軍方的狙擊兵，除了要求同等級的神槍手訓練之外，更重要的是僞裝、小組作戰和深入敵境後方等潛入戰術訓練，使用的武器裝備、人員素質要求，比警方更爲嚴格。

軍事狙擊兵擅長利用地形地貌，長期間進行監視，必要時狙殺敵方指揮官、裝甲車輛駕駛員等高價值目標。

戰史上，最早有系統進行軍事狙擊兵訓練的，是前蘇聯陸軍。二次世界大戰，前蘇聯狙擊兵以奇襲戰術贏得史達林格勒之役，讓人印象深刻，電影《大敵當前》（Enemy At the Gates, 2001）就是描寫這段歷史。

而二戰之中，德軍也從俄軍身上得到教訓，大力培植狙擊兵，與俄軍對抗。反而美軍，直到

二戰末期，才在陸軍部隊編制內，納入狙擊手訓練，並且配發專門使用的制式狙擊槍和瞄準鏡。

　　1958年的823炮戰期間，曾經有美軍顧問團軍官，利用大口徑反戰車狙擊槍，從小金門直接射殺對岸中國解放軍軍官成功的例子。

隱蔽在草叢裡的台灣陸軍狙擊手。（by 陳宗逸）

　　台灣軍方早年並沒有專業的狙擊兵訓練，只在特定的國軍運動會上，舉行草創的射擊比賽，並且挑選技術優良者參加國家級射擊運動培訓。但是，運動類型的神槍手，與軍事狙擊兵的訓練內容不同。

　　運動類神槍手，只求精準射擊即可，軍事狙擊兵，還必須擁有紮實的特種作戰訓練，並且要配備專業的狙擊槍。以往軍方並未購入專業狙擊槍供狙擊兵使用，只是陽春的將制式步槍搭配瞄準鏡充數。直到幾年前，因為反恐作戰需求，軍方開始針對狙擊槍、狙擊戰術深入研析，並且成立專業狙擊兵部隊。

　　對外界曝光的陸軍狙擊小組，最引人注目的就是狙擊兵使用的M82A1M型反物質狙擊槍。這種使用.50口徑（12.7mm）彈藥的「巨人型」狙擊槍，射程長達2公里，美軍在波灣戰爭中，專門用這種長距離、大口徑狙擊槍，攻擊伊拉克戰地指揮官，以及裝甲車輛。

　　這種狙擊槍被稱為「反物質」（Anti Material Rifle）槍，是因為巨大的彈藥口徑，可以輕易貫穿敵軍輕裝甲車輛。甚至有傳聞，美軍使用衰變鈾（Depleted Uranium）彈頭作為反物質狙擊槍彈藥，穿透力更加恐怖，甚至可對付武裝直升機。

隨機恐怖

中國人民解放軍的陸軍狙擊手，也大量引進自製的大口徑反物質狙擊槍，台灣陸軍引入同等級特種裝備，也是迫在眉睫的必然。

師承於前蘇聯陸軍教範的中國人民解放軍，多年來有系統地培養狙擊手，中國軍方得自南斯拉夫的經驗，波士尼亞危機中，塞爾維亞士兵使用前蘇聯陸軍教範，以成功的隨機槍手（Random Shooter）狙擊戰術，成功的將塞拉耶佛轉變成恐怖的人間地獄，是非常有效的城鎮戰戰術。

解放軍未來的攻台作戰，也納入大量的狙擊作戰戰術概念，成為特種部隊騷擾作戰的主要手段，以擾亂台灣社會秩序為目的。對抗解放軍狙擊手最有效的戰術，就是使用台灣自己的狙擊兵反制，這也是國防部針對中國攻台作戰的思考，反恐怖反而成為次要的目的。

據了解，台灣國防部近一年來將陸軍特種作戰部隊大幅擴編，並且統一由谷關特戰中心施

訓。除了傳統的陸軍862旅空騎特戰部隊之外，國防部也將包括海軍陸戰隊特勤隊、陸軍空特部特勤中隊以及憲兵特勤隊的部分官兵，甚至包括少數警政署維安特勤隊的精英警員，新編組一個隸屬於新編特戰旅的「反恐任務編組」部隊。

這個編組規模有多大尚未知，但確定由陸軍上校奚國華主導，目前部隊籌建已經獲得部分成果。據消息人士稱，奚國華上校是台灣陸軍少見具有國際觀的特種部隊指揮官，英語流利，與美軍官員和軍火商皆以英語溝通，個人特質相當開放，並且具有資訊化特質，是目前受國防部相當重視的新一代特種部隊指揮官。

在國防預算的大力溢注之下，特戰旅的武器裝備大幅度更新。曝光的M82A1M反物質狙擊槍，原本是由海軍陸戰隊特勤隊使用，首批採購數量不到10支，目前歸由特戰旅的反恐任務編組使用，還在試用階段，短期內採購數量還會提高，並且槍型還會增加。

而美製M24A1狙擊槍，軍備局聯勤兵工廠也自行仿製研發，2007年推出類似的T93狙擊槍，

未來陸軍會選擇進口貨或者國產貨，還要取決於聯勤是否能夠推出搭配狙擊槍使用的高品質彈藥。

2007年10月10日，隸屬「反恐任務編組」的陸軍航特部高空特勤中隊曝光在國人面前。（by 王蜀岳）

　　由於特戰旅擴編的效應非常大，各路軍火代理商也積極推廣，消息傳出，甚至德國著名軍火大廠，也可能與台灣採取「軍售」模式交易，目前都在檯面下積極進行。

這是我的來福槍

　　牽涉到士兵個人的武器火力，也是未來台灣防衛作戰，一直以來最被人忽略的一環。台灣全民皆兵，每個男性都有服役經驗，卻對個人武器操作非常陌生。

　　台灣因為被國民黨高壓戒嚴統治38年，擁有全世界最嚴格的槍砲管制法律，讓全民皆兵成為笑話，台灣成年男子對於個人武器的無知程度，是未來台灣防衛作戰最讓人憂慮的一環。

　　台灣的步兵個人武器，一直以來都隨著美國潮流跟進。美軍的變化可視為台灣變化的前奏曲。就如同美軍不間斷的進行組織改革和數位高科技武器更新一樣，未來美國「軍人的第二生命」－步槍，也已經開始更新的腳步。

　　美軍使用的通用型步槍，是從越戰中期就開始使用的M-16步槍家族系列。在二次世界大戰之後，美軍發展出和歐洲步兵武器技術先進國家截然不同的戰術觀點，執意使用改良自M-1半自動步槍的M-14步槍，以及射程遠、後座力大的

7.62公厘步槍彈，與二戰末期納粹德國挾著先進步兵作戰概念，所發展出來的突擊步槍（Assault Rifle）不同。

突擊步槍的意義，就在將傳統步槍的長度縮短，以及增加類似機槍的自動連發功能，使得突擊步槍可以融合衝鋒槍與傳統步槍的優點，讓傳統上重視射擊技巧的步兵戰術，轉而為注重火力發揚、後勤補給為主的新概念戰爭。

前蘇聯從納粹德國經驗得到啟發，在冷戰初期就開發出著名的AK-47步槍，在步兵單兵戰術上面全面領先。美國偏偏不信邪，不只依舊留戀二戰老爺步槍的舊時代，連子彈口徑都比別人大上一截，讓每一個步兵可以攜帶的子彈數量減少。

不只如此，美國還運用國際政治影響力，要求當年每一個北約的國家，都使用這種7.62公厘口徑的子彈。但是，這個固執的堅持，一直到越戰爆發，美軍笨重的M-14步槍遇上了越共手中的AK-47，局勢完全改觀。

原本只是要給美國空軍作為備用武器、使用

5.56公厘口徑小子彈的M-16步槍，遂在越戰經驗的影響之下，短時間成為美軍新一代的標準通用步槍。而這批「尾大不掉」的M-14步槍成品和生產線，在1968年開始半賣半送給台灣政府，成為讓台灣步兵戰術與世界脫軌的罪魁禍首－五七/五七甲式國造步槍。

越戰結束之後不久，美軍全面換裝經過小幅度外型改良的M-16A1。1980年代中期開始，不論在彈藥、結構與基本設計上都更加先進的M-16A2，標準長度1公尺的M-16A2，對於日益依賴機動載具，以及對於城鎮環境作戰需求日益提高的現代化步兵而言，操作上也開始顯現出相當的不方便。

從M-16A2縮短改良而來，主要提供給特種部隊使用的M-4卡賓槍，遂成為解決M-16A2長期問題的解答方案之一。

為了增加未來步槍使用彈性，可以在不改變槍身結構的前提下，裝置各種感應、瞄準、夜視等系統，美國陸軍研究單位與民間廠商合作，研發出目前風靡全世界步兵設計潮流的戰術軌道系

統（Picatinny rail），更是目前歐美步槍的標準配
備規格。

由M-16進化而來的M-4A1卡賓槍，是美國陸軍現在的制式裝
備。（U.S.Army）

　　2003年伊拉克戰爭開始之前，美國陸軍和海
軍陸戰隊，已經開始更換新式步槍。這一波更
新，主要是讓陸軍和空降部隊，更換具有戰術滑
軌裝置的M-4A1卡賓槍，而每一支卡賓槍上面，
美軍都配備給一般士兵以往只有特種部隊才有資
格使用的戰術快瞄鏡/夜視鏡，手筆之大，令人咋
舌。

而美國海軍陸戰隊,則更進一步將M-16A2步槍進化成為M-16A3／A4,陸戰隊要求具有標準長度規格的M-16步槍,而在槍身改造上則走M-4A1路線,全部加上戰術滑軌系統。

所以,在伊拉克戰爭的過程中,我們可以看到美軍以極先進優勢的特種部隊級步兵火力,打一場利用傳統步兵的特種戰爭,刷新步兵戰術的里程碑。

數位戰士

雖然M-16A3／A4和M-4A1這種先進步槍,世界大多數國家都還沒有能力全面更換同等級武器,但是美軍針對陸上步兵下一代通用步槍的思考,已經納入未來數位戰場的設計上面。

1990年代初期,「陸上戰士」(Land Warrior)計畫配合未來先進數位步兵概念的推出,美國國防部先進研究計畫單位和德國著名的HK槍廠合作,開始研發一種未來數位步兵的夢幻武器——OICW目標單兵戰鬥武器(Objective

Individual Combat Weapon）。

OICW未來步兵武器，是頗具破壞力的個人武器系統。
（U.S.Army）

　　OICW結合德國獨步世界的G36型5.56公厘
口徑卡賓槍系統，和新研發的智慧型20公厘槍榴
彈系統，搭配與數位士兵身上個人電腦連線的精
確瞄準、光電、雷射、視距外、夜視、資料鏈結
等電子設備，結合成相當恐怖的步兵個人武器系
統。

　　同時期也提出另一種智慧型20公厘榴彈機槍
概念的OCSW目標班用戰鬥武器（Objectir Crew
Served Weapon）。直到2003年為止，由美國ATK

聯合防衛公司（Alliant Techsystems）與德國HK
公司主導研發的OICW系統，後來更名為XM29型
步兵武器。

2003年底，XM29進化成為第3批次（Block
3），比原先的OICW重量輕、長度縮短、單價更
低，這種具備超級作戰效益的單兵武器系統，未
來將成為美軍的個人武器象徵。

但是在2006年，這個計畫因為開銷過高，還
處於是否繼續的尷尬地位，美國陸軍內部至今還
在辯論。不過XM29系統驗證出來的結果，都是
美國陸軍士兵未來科技的標準規格。

XM29這種智慧型的單兵個人武器，售價較
傳統突擊步槍高，從2003年開始，美軍也開始進
一步思考XM29與另一種輕便型突擊步槍搭配的
可能性，同樣由ATK聯合防衛公司和HK槍廠共
同研發的XM8型模組化（Module）步槍系統，也
正式被提出，在沒有任何競爭對手的狀況下，美
軍曾訂購高達200支XM8，作為測試用途。

甚至有特種部隊士兵，在伊拉克戰場親自
試用XM8步槍。但是也由於造價等問題，XM8

型模組化步槍系統似乎也暫時停止，美軍特種作戰司令部要求比利時FN國家兵工廠，打造一種較為廉價的模組化步槍系統，稱為SCAR特戰步槍（SOF Combat Assault Rifles）。至於XM8，則成為美軍下一代步槍的標準，各種技術指標正由SCAR在驗證中。

超級步兵班

　　XM8模組化步槍系統，是個相當大膽先進的設計概念。這個步槍是以XM29系統中的卡賓槍系統作為基礎，加上簡易的瞄準與光電系統而成。少了XM29的智慧型20公厘槍榴彈武器，XM8不論在體型與便攜性能上面，都有相當程度的改進。

　　最讓人目不轉睛的設計，就是XM8可以輕易的以一支步槍的基礎，加上模組化零件，就可以轉變成為短管衝鋒槍、卡賓槍、標準步槍、支援輕機槍、附加40公厘槍榴彈、甚至需要高度精準的狙擊槍系統。

一支XM8可以轉變成如此多重的角色，這種多功能概念，以往雖然在歐洲兵工體系被不斷的實驗，但是以如此簡易的模組化設計即可達成，XM8步槍算是第一位。

即將服役的比利時製FN SCAR特戰步槍，是美軍特戰司令部專門訂購給特種部隊使用的全新設計突擊步槍，用來取代目前大量使用的M-4/M-4A1卡賓槍系統。

SCAR可以透過相當簡單的模組化構造改變組裝，成為5.56或者7.62公厘口徑的突擊步槍，而且同一構型透過變更模組，可以從短管衝鋒槍轉換為班用機槍，使用彈性相當大，是美軍特種部隊在未來XM-8正式服役之前的過渡性先進模組步槍。從設計上也可以看出某些與XM-8先進步槍相同的思考，模組化設計已經是未來步槍系統相當重要的必備條件。

未來高科技數位戰場上面的士兵，每一個人藉由身上的各式裝備和手中的整合模組化戰鬥武器，已成為一個售價不遜於戰機的數位作戰系統。

　　士兵的個人素質、科技素養和即時受命作戰的能力，都需要有很專業且長期的訓練，傳統的強制徵兵制，不適合數位化戰場，歐美各國發展這種數位士兵作戰戰術，就是強烈想要跳脫出傳統第二波戰場消耗性徵兵的窠臼，以高科技來打擊依賴勞力密集作戰戰略（例如台灣、中國、北韓或伊拉克等）的落後國家。

　　伊拉克戰爭的結果，證明這個想法完全正確。

　　各國數位戰士計畫中，除了核心的個人電腦所操控、以相當適形的方式穿著在士兵身上的各種電子感應、資料鏈結、儀控、定位、身體機能防護等高科技裝備之外，就屬數位士兵所使用的個人整合式兵器最引人注目。

台灣未來戰士

　　歐美先進國家，最晚在1990年代初期，就已開始思考下一代的步兵作戰方式。主要是反應網路時代的來臨，將扁平組織、網路資訊、個人防

護、精準火力等概念加以實用化，利用資訊鏈結
與網路整合，將個人火力發揮到極致。

台版未來戰士。（by 陳宗逸）

　　一個概念中的未來戰士，經由整合式的頭盔系統，一方面可以接收來自總部的視覺訊息，並且進行雙向溝通。另一方面，各式感應裝置可以提供步兵包括熱影像、夜視、情報、地形狀況等整合資訊，提供火力投射的參考。

　　未來戰士身上的服裝，具有變色功能，可以適應不同環境的各式景觀。服裝內有先進的維生系統，甚至可以維持恆溫，讓環境帶給士兵的影響降至最低。

　　手上的武器，以美國「目標個人戰鬥武器」（OICW）的概念來說，不只包括多種特殊彈藥使用，槍械上的各式標定功能，也與士兵頭盔系

統整合爲一體，提供精準又致命的火力。整體來說，世界各國未來戰士的概念，就是將一個步兵視爲一個完整的「武器系統」，而非如上一代戰爭，視士兵爲整個戰爭機器的一個小螺絲釘。

台灣軍方無法自絕於世界潮流之外，負責研發與生產軍方軍械裝備的聯勤司令部，終於在2002年提出新概念的台灣版未來戰士計畫。雖然整個計畫看起來與歐美國家差異甚大，但是對於網路資訊整合、個人防護與精準火力發揚，已經有初步的概念。

但是，面對台灣陸軍部隊組織龐大、命令層次複雜、人力資源使用概念落伍的基本侷限，聯勤先進的未來戰士，要能夠實際反應在陸軍部隊的作戰方式上面，還有相當長遠的路要走。

但是聯勤總部有勇氣提出這種劃時代的概念，鼓勵陸軍破除「頭插三根草、滿山遍野跑」的作戰陋習，還是值得鼓勵。

至於目前正在大量換裝的T91戰鬥步槍，是由聯勤205廠頗具口碑的T86戰鬥步槍改良而來，原本型號爲T86K（改），因爲改良處相當多，

視同一款新式步槍，遂更名T91。T91代表是2002
年（民國91年）新推出的槍款。

　　T86戰鬥步槍是由目前國軍制式T65K2步槍
衍生而來的短管卡賓槍，採用205廠自研的多項
模組化設計，穩定度高，實用性優異，1997年出
現之後，受到各大媒體與槍械評論大大的好評，
但是面對國防預算緊縮，以及三軍各軍種武器規
劃的優先性考量，T86戰鬥步槍一直無法打入軍
方市場，甚至連最適合使用的三軍各特種部隊，
也沒有使用的考量。

嘗試走模組化設計的T91步槍。（by 陳宗逸）

　　由於行銷困難，也造成其餘單位對於T86戰
鬥步槍採取觀望態度。原本台北市霹靂小組對於
T86也頗有興趣，但由於聯勤行銷保守，北市霹

霾小組不得其門而入，以致不了了之。T86唯一較具規模的訂單，是外交部曾經購買數百支，贈送約旦皇家衛隊，成爲台灣軍品出口中東的一個先例。

T91戰鬥步槍，射擊性能可能與T86不相上下，機構設計採半自動與2發點放（T86爲三發點放）進行射擊，取消全自動功能，是比較特殊的地方。

T91在槍身上有較爲先進的規劃，設計考量類似美軍M4A1卡賓槍。槍身上設計可以拆卸的提把，代之以俗稱「魚骨頭」的多功能軌道設計，可以在上附加包括快速瞄準器、雷射指標器、夜視鏡等附加裝備，彈性很大，這種設計目前是歐美輕兵器工業的主流。

M4系列卡賓槍，成爲各國特種部隊的搶手貨，台灣警政署負責反恐怖任務的維安特勤隊，就買了一批更先進的M4A1 RIS型卡賓槍。聯勤在2002年11月正式宣佈T91戰鬥步槍研發完成，2005年首度在憲兵部隊換裝，台北總統府前的憲兵於2006年紅衫軍之亂時，持T91步槍值勤，曾

經成為話題。

生化恐怖到超限戰場

國家級恐怖主義

　　美國新聞周刊在2001年，刊出一篇2012年未來戰爭的科幻文章，裡面提到了一本書叫做《超限戰》。

超限戰這本小手冊，鼓勵中國實行國家級恐怖主義。
（by 陳宗逸）

　　這本厚度254頁，由中國的解放軍文藝出版社於1999年2月出版的小冊子，在民進黨執政8年，飽受中國非傳統戰的衝擊之下，受到各界的注目。尤其中國國家主席胡錦濤，2007年宣示的，解放軍針對台灣作戰，要「入島、入腦、入心」，全部都是來自超限戰概念。

其實，從這一本書的副標：「二個空軍大校對全球化時代戰爭與戰法的想定」，可以看出這一本書的分量如何？

綜觀全書，除了抄襲著名未來學理論大師托佛勒夫婦（Toffler）的《新戰爭論》（*War and Anti-War*）這本未來戰爭學鉅作的內容之外，還不客氣擷取了美軍在波灣戰爭後所新推出的「空陸戰（Air-Land Battle）」準則、網路駭客興起的手法、1997年亞洲金融風暴效應，最後因應歐美近年的「中國熱」，加一些《孫子兵法》等中國古籍辭語潤飾，融合成一本其實是東拼西湊的恐怖手冊。

這本書，其實類似美國右派民兵極端分子威廉·皮爾斯（William L. Pierce），在1978年推出，成為恐怖分子必讀經典的《透納日記》（*The Turner Diaries*）。

事實上，超限戰的意義，就是要打一場「超」越自己侷「限」的「戰」爭，任何國力不如敵國的國家或組織，都可以使用書中列舉的國家級恐怖主義手法，嘗試著讓自己搶得戰場主動

權。

　　當然，《超限戰》一書中列舉的戰法，耗費的成本較爲昂貴，不是一般恐怖組織可以負擔，所以必須是「國家級」恐怖主義規模才可以實行。

　　喬良與王湘穗兩位作者，都出生在1950年代中，隸屬中國人民解放軍空軍的「政治部」與「政治創作室」，編制類似台灣軍方以往的總政治作戰部，二人都不是擁有實務操作經驗的一線軍官，經過20世紀末網際網路的洗禮，對於未來戰爭的型態產生了另類的想法。

　　喬與王的想法，是否已經成爲中國官方重要的戰略思考之一？相當值得懷疑。但是經由近幾年媒體推波助瀾的效應，「超限戰」儼然成爲中國打贏下一場戰爭的聖經！

　　許多人把「超限戰」與「信息戰」、「資訊戰」混在一起談論，其實是一種誤解。「超限戰」更大的成分，是擺在恐怖行動的施行，類似能引起恐慌的生化病毒傳播、以色列常出現的炸彈客、甚至捏造敵國領袖的緋聞以影響輿論，都

是《超限戰》書中所大力推薦的手法，這些比較草莽的戰術，與資訊戰的關係並不大。

2002年525華航澎湖空難後，一些親中陣營立委赴中國取得雷達影像，據此要求台灣飛安單位參考，甚至有影響調查方向的言論，曾被軍方視為中國實施「超限戰」的一部份。

而更有立委要求軍方，將「反恐」與「中國武力犯台」的作戰規劃脫勾，不准視中國為恐怖分子，更是中國操作「超限戰」準則的良機。而2003年讓全台灣甚至全世界記憶猶新的，來自中國的SARS瘟疫，面貌也就像來自中國的另類超限戰。

SARS與生化武器

世界衛生組織經過不斷的波折與阻礙，在2003年確定SARS的病源與疫情發生於中國廣東，中國僅管採取不合作主義，但是在WHO有限度的監察之下，也漸漸將整個疫情的原始面貌畫出來。

　　雖然，面對SARS的真實面貌，全世界到現在為止都還是一頭霧水。但是對於這個源自中國，被刻意隱瞞了接近半年的急症，包括台灣的軍方、衛生署疾病管制相關單位，有一群專家已經在小心避免政治效應的前提上，默默且有興趣的在了解另外的可能性。

　　一位台灣國防部預防醫學研究所的相關專家曾經評論，SARS的傳布，與中國生物武器的發展之間是否有任何的關係，還是一個問號。潘朵拉的盒子，在今天已經被打開了嗎？類似電影《危機總動員》（OUTBREAK）所描述，不知名病症侵襲全美，追根究柢原來是生物武器外洩惹的禍！這樣的劇情，是不是目前SARS擴散全球的真實面貌？

　　比較化學武器和生物武器的運用，一位美國陸軍將領曾經解釋，「化學戰劑只能涵蓋數十平方公里的範圍，生物作用劑卻可席捲數十萬公里之遠！」

　　根據衛生署疾病管制局檢驗組研究員陳豪勇發表的論文──《生物武器及其因應對策》，

目前全世界的生物武器，共分成3大類，包括微
生物型；以天然毒素爲主要組成成分的「毒素
型」；以及用人工手法改造，或製成新型毒素的
「人工毒素型」。對照SARS極可能被揭露的眞
實面貌，有進一步討論的空間。

　　近數十年來，被用於研究、開發與製造生物
武器的微生，包括病毒性的黃熱病毒、登革病
毒、曲公病毒、Mayaro病毒、Ross河病毒、阿根
廷出血熱病毒、漢他病毒、拉薩熱病毒、伊伯拉
病毒、馬堡病毒、痘病毒；細菌性的霍亂弧菌、
傷寒桿菌、痢疾桿菌、兔熱菌、布氏桿菌、破傷
風桿菌、鼠疫桿菌、炭疽桿菌、鼻疽桿菌；立克
次體的斑疹傷寒立克次體、斑點熱。

　　當然，這些都是目前人類已知的菌種，未知
或者新開發的，數量恐怕難以估算。

　　近年來生物科技發展突飛猛進，有一些生
物武器的研發，甚至可以用人工技術合成病毒的
一段基因，然後用另外的菌體當作武器載台，這
種多樣化的面貌，讓生物武器的偵測、防範與治
療，更加困難。

　　由3位美國《紐約時報》記者所著的專書－
《*Germs: Biological Weapons and America's Secret War*》（細菌：生物武器與美國的祕密戰爭）
中，就提醒全人類，2001年911事件發生之後，
接踵而來的炭疽熱恐慌，已經讓人深切體認到生
物武器的威脅性與致命性。

911事件之後接著SARS與禽流感出現，生化戰再度受到重
視。（U.S.Navy）

　　在這本動見觀瞻的採訪專書中，3位作者深
入前蘇聯的生物武器工廠，了解冷戰時期美蘇之
間進行生物武器戰爭的內幕，特別是至今無人能

夠描繪清楚面貌的前蘇聯生物武器工業。

書中描述，前蘇聯軍方將多種細菌和病毒基因再造，讓這些生物戰劑散佈，患者在初期感染的症狀消失一段時間之後，還會罹患神經脫髓鞘（demyelinating）病症，這種病毒基因的改造，讓尋找病源的任務，根本不可能成功。

更驚人的，前蘇聯科學家將白喉病毒基因，接入瘟疫桿菌中，創造出一種人類從未見過的全新疾病。此外，蘇聯軍方儲備包括以噸計的天花病毒，以及其他數量龐大的生物戰劑。

值得注意的是，隨著蘇聯的解體，針對多種新型生物戰劑的管制作業，早已經形同具文。大批由蘇軍培養的生物武器專家，在面對經濟崩潰後的殘局，紛紛四散到世界各地，成為某些國家高價聘請的人才！這些吸收人才的國家，包括美國、伊拉克、伊朗、敘利亞、北韓，以及中國。

例如伊拉克，光光在1995年，就從前蘇聯這個管道，取得數千加侖的細菌戰劑材料，聯合國的禁運與檢查，並沒有顯著效果，這也是美國對伊拉克採取「預防攻擊」的目的之一。

在1992年，從前蘇聯生物武器機構，向美國投誠的科學家肯·阿里貝克（Ken Alibek），曾經為美國軍方的生物武器研發，提供重要的協助。

他在著作中指出，美國政府一直以來，都密切監控全世界擁有生物武器的國家。除了美、俄之外，美國國防部懷疑或者確認，有15個國家目前擁有生物武器。包括中國、伊拉克、印度、巴基斯坦、以色列、英國、北韓、伊朗、敘利亞、南非，以及台灣等國。

其中，對於中國、印度、巴基斯坦與台灣的生物武器，美國軍方更抱持著高度的興趣。而中國的生物武器發展，在這些國家中，更具備領先地位。除了從二次大戰中的一連串經驗，以及來自前蘇聯的協助，中國生物武器的現況，是繼伊拉克之後，最值得注目的對象。

許多人不知道，中國是人類史上，第一個被人為生物武器迫害的國家。據信從1932年開始，日本關東軍的731部隊，就已經開始在中國東北從事生物武器的研究，例如用細菌污染飲用水、用鼠疫炸彈攻擊中國軍隊、用活人進行生化武器

的實驗。

關東軍的實驗，其實不全是爲了生物武器發展，同時也爲了對抗當時國民黨軍隊與共產黨軍隊，從蘇聯與美國輸入的生物攻擊武器。

終戰之後，日本的這些研究成果，除了被率先進擊東三省的蘇聯紅軍取得之外，也被接收關東軍武裝的中國共產黨軍隊佔爲己用。

經過多年來的研發，以及前蘇聯的協助，中國的生物武器研發與儲存能量，在保密的狀態之下，規模恐怕已經難以讓人想像。美蘇中日在二戰都發展生物武器，而只有日本因爲戰敗，才在生物武器發展上被「妖魔化」，用來轉移戰勝國也同樣發展生化武器的焦點。

從20世紀80年代開始，到21世紀初的今天，全世界怪病四出的嚴重狀況，是人類史上從來沒有見過的。

1984年，在美國德州的達拉斯市和俄勒岡州，突然出現急速擴散的怪病，將近一千個病例，被一種刻意培養的沙門氏菌種類鼠傷寒桿菌（Salmonella typhimurium）感染。

　　根據事後美國情治單位的調查，這是一個名為Bhagwan Shree Rajneesh／Osho（奧修）的印度神祕教派信徒，經由合法管道取得菌種，刻意進行散佈的恐怖攻擊行動。此次事件，被美國官方認可，是在美國本土所發動第一起生物恐怖攻擊。

來自中國

　　針對近年來自中國，曾經在台灣引起重大生態浩劫的口蹄疫，200多位英國生物學家，在2002年初一次生物科技會議中，就提醒全世界。透過分析口蹄疫病毒的藍圖，英國專家認定，這種病毒在可見的未來，相當容易成為一種優秀的生物武器型態。

　　而美國農業部，在2002年10月的一次反生物武器襲擊的演習中，就首度假設美國有3個州，同時受到口蹄疫的生物武器攻擊。演習結果顯示，要花2個星期的時間，美國當局才能有效控制口蹄疫的疫情，而這段時間，美國已經有30多

個州的牲畜，受到口蹄疫感染，可見這種出現在
20世紀末期的新變種病毒，是未來人類世界的一
大隱憂。

據美國疾病管制局的推測，SARS可能是一
種新變種的冠狀性病毒，這種極可能源自人畜共
住群居環境，再從中國落後地區，人畜高度共生
的居住環境中爆發出病症，雖然以目前人類生
物科技的技術，不太可能是無中生有的一種「原
創」病症，但是面對SARS急速的傳布，以及難
以治療的特色，是否是人類未來，極可能面對的
一種新型生物武器？

來自中國廣東的SARS，差點讓香港社會崩潰。
（by 陳宗逸）

　　目前台灣針對中國地區人民的管制，還是漏洞叢生。SARS高峰期間，雖然衛生署疾病管制局人員，緊急在各通關口，特別是金馬小三通港口設置檢疫哨，但是從疫情爆發開始，不論是有計畫性、或者無目的性的侵入，究竟有多少的中國SARS病患，在有關單位渾然不知的狀況下來台？在目前國內輿論普遍將偷渡犯稱為「客」的這種友善心理，疫情管制與嚴防的漏洞，讓人膽戰心驚。

　　發生在2001年6月，陸軍成功嶺營區的腦膜炎疫情，曾經暴露出台灣軍方疾病防治與預防醫學的一些漏洞。

　　此次疫情爆發之後，台灣軍方曾經舉行過多次機密的生物相關會議。一位曾經與會，且與軍方進行過多次生化防護設備交易的廠商說，在軍方重視表面功夫、急就章的生化防護工作完全無效，可以從到今天為止，陸軍官兵每人1件的生化防護服都不可得，可見一斑。

　　專家表示，一旦遇上生化攻擊，軍方難道要阿兵哥穿雨衣嗎？

　　而軍方預防醫學領域人士，在SARS突然爆發流行的期間，也曾經低調了解，是否與中國軍方祕密研發的生物戰劑有關。衛生署也有些官員，對這個說法抱持興趣去了解。

　　根據軍方的說法，SARS最初是在廣東佛山地區，從一位餐飲業相關人員身上發生的。有趣的是，廣東當地，正是美國情報資料指出，疑似中國研發生化戰劑的重點地區。某些文件也指出，中國在東南地區有一些活潑的生化武器研製機構，但是，相關的消息尚未得到公開證據支持。

　　而SARS在中國廣東地區爆發之後，中國先是假造披衣菌感染的神話，掩蓋疫情擴散情勢，後雖低調承認，卻不願意世界衛生組織深入中國境內，進行傳染病源的追蹤與研究。

　　表面上，中國官方當年是為了人大會議召開，面子上掛不住而隱瞞疫情，然而某些軍方人士私底下懷疑，中國隱瞞疫情真正的原因，或恐是生物武器外洩、實驗等出了問題，為高度保密而不得不然。

　　中國軍方製造生化戰劑，並且將成品或技術外銷至伊朗、伊拉克等「流氓」國家，早已是世界關注的焦點。中國的生化戰劑研究能力，一直被懷疑在全球保持領先地位。

　　在疫情初發生的階段，台灣軍方原先懷疑是生化恐怖攻擊，後來經研判，暫時排除可能性。針對中國生化武器外洩或實驗失敗的可能性，固然沒有太多證據，而在國際衛生體系無法進入中國進行全面檢測的情況下，生化武器，仍是多種可能性中相當引人想像且不可排除的病源之一。

神祕的預醫所

　　研發生化武器，很少人知道其實台灣也是世界大國。位在台北縣三峽鎮郊區的國防部預防醫學研究所，是目前台灣生化戰的終極防線，多年來一直受到包括美國在內的世界各國極度關注。

　　間諜衛星每天固定時間經過預醫所上空，就是為了蒐集預醫所到底有沒有發展生化武器的跡象。而預醫所到底有沒有發展過生化武器？軍

方一再強調，預醫所的功能主要以研究生化戰劑
「防護」為主，研究的是預防，而非攻擊性武
器。

2003年5月13日，因為SARS風暴越演越烈，
陳水扁總統親自公開預醫所給媒體看，以安定人
心，當時預醫所所長劉鴻文上校，更對多數的媒
體記者，用他的個人名譽和職位保證，「預醫所
20年以來絕對沒有發展過生化武器」！

雖然大多數的人都相信軍方的信誓旦旦，但
是少有人想到，預醫所從當初成立到現在不只20
年！

據側面了解，預醫所的成立時間，約在1960
年代晚期至1970年代早期，至今將近30多年。當
年國民黨政府積極準備反攻大陸神話，除了研發
彈道飛彈、核彈頭之外，也在以色列的協助之
下，建立起生化武器研發能量。大規模毀滅性武
器的使用，在當年蔣介石的思考之下，即使不是
反攻大陸的靈丹妙藥，也是偏安台灣的有力保
證。

所以，預醫所在30多年前成立的時候，本來

的目的就是研發生化武器，尤其核彈頭研發受到美國高度限制，反而生化武器的發展由於證據蒐集不易，美方都僅止於懷疑與推測，但高度肯定台灣「絕對擁有生化武器發展能力」。

潘朵拉的盒子，一度存在預醫所裡面是事實。所以，劉鴻文人格保證的很巧妙，他只說20年沒有發展生化武器，其他的10幾年，預醫所到底在作些什麼？就不是他可以保證得了的。

據說，預醫所的官兵都有一份衛星時程表，哪個時間哪顆衛星會通過預醫所上空，哪些事情那個時候不能做，甚至不要抬頭看天空，在在都顯示，預醫所是台灣國防復仇武器的最後防線，正好因為SARS風暴而首度面世。

北韓核試只有台灣看到

2006年10月，北韓無預警進行核子試爆，震驚全世界，引起東北亞軍事情勢一度緊張，全世界都想知道，北韓到底在什麼地方進行試爆？規模究竟怎麼樣？但是卻毫無頭緒。

　　漸漸地消息傳出來，北韓核子試爆地下設
施的衛星空照圖，竟然被台灣拍到了！台灣的福
衛2號衛星，在美、日、中甚至南韓等軍事科技
強國的衛星影像都茫然不知頭緒的狀況下，拍
到北韓核試設施的空照圖，雖然是地底試爆，
但是試爆前後當地地表變化，被台灣拍的一清
二楚，連南韓花了福衛2號2倍價錢的阿里郎2號
（Arirang-2）衛星都辦不到。

北韓核試影像，被台灣率先找到。（NSPO）

　　一戰成名的福衛2號，成為世界注目的焦
點，國家太空中心一位資深研究員認為，誰說台

灣沒辦法走出國際？在太空的領域沒有國境，台灣和世界各國一起競爭，完全不遜色。

　　台灣人對太空的理解，究竟是什麼？台灣至今已經發射了3次共8枚衛星進入軌道，後續的計畫也正如火如荼進行，即使隸屬行政院國科會國家實驗研究院的國家太空中心（National Space Organization, NSPO）陷入人事紛擾與預算困境，但對於台灣到底要怎麼進入太空時代，還是默默有一批專家焦慮不已。

　　太空中心官員認為，雖然台灣對太空領域似乎還一知半解，但全世界都對台灣的太空科技感到好奇。太空中心人員多次赴國際場合，聯合國人員也曾低調提出要求，希望將台灣納入世界性災難監測協調系統的一部分，這個叫做「International Charter–Space and Major Disasters」的計畫，希望能夠整合世界各國的衛星監測網，為全球各地的天然災害提供即時影像協助。

　　包括歐盟、美國等官方與非官方管道人員，也曾多次來台了解這方面的能力，積極遊說台灣能夠加入包括International Charter等重要國際合作

計畫。國安會祕書長陳唐山上任後，2007年5月初曾首度視察太空中心，知道了聯合國的要求，還半開玩笑說，「對聯合國不必太配合」。太空中心官員認為，在地球上，台灣走不出政治國界，在大氣層以外的太空，台灣卻成為聯合國拉攏的對象，這不是很有趣嗎？

太空領域政治，是包含科技力、軍事企圖以及國際戰略的全新戰場，美蘇從冷戰時代就不斷開始「卡位」，歐洲、日本、中國甚至印度的腳步也不遑多讓，如今連像以色列、新加坡這樣的小國家，都極力擠進太空。

一位久任美國航太公司資深工程師的學者說，全世界每個國家，上太空都為了軍事，台灣卻只要科學實驗，真的非常奇怪。

太空中心官員則認為，台灣發展太空計畫，從蔣家時代就受到美國的限制，而自我壓抑，如今國際戰略局勢已經不同，民進黨政府執政後，依舊延續國民黨時期的唯「美」是從思考，沒有重視太空計畫的國家戰略自主性，這是落差所在。

　　一位國家研究院官員也認為，民進黨政府要認真思考，把太空中心從國科會底下「解放」出來。美國的太空總署（NASA）直屬白宮，日本的JAXA（宇宙航空研究開發機構）也獨立直屬首相官邸，中國國家航天科技集團公司，也由國務院直接管，只有台灣的太空中心，竟然是國科會底下的一個實驗機構而已。

　　只有從組織著手，將台灣太空中心的位階提升到國家級獨立單位，台灣政府才會有真的太空戰略出現，國家安全才可能「真正立體化」。但是，這對於一般台灣人或台灣政府高層，簡直是天方夜譚。

上太空為了什麼？

　　台灣軍方對於太空領域，應該懂得這個道理，但發生問題時不只劃清界線，也不敢對外澄清。專門推卸責任，好官我自為之，不尊重專業的台灣黃埔軍人習氣，加上選舉短視政客的專業干擾，也不斷影響專業的台灣太空工程師，讓台

灣太空戰略出現真空。

日本國會2007年提出「宇宙基本法」，備受世界矚目。資深航太學者就指出，日本是個有「非戰憲法」的「不正常國家」，為了太空戰略，卻已經進展到宇宙基本法的設立。

日本的「宇宙基本法」，最重要的地方是開宗明義，將宇宙開發「視為對日本國家安全保障有益」的事業，並且將以往「宇宙條約」裡面解釋「和平利用宇宙」的字眼，從「非軍事」改成「非侵略」，正式將日本的宇宙戰略納入「軍事」領域，因為這個法案的解套，日本可以發展類似美國星戰計畫（SDI）的彈道飛彈早期預警衛星，以及高解像度的偵察衛星。

對照日本從最基礎的法案中尋求太空戰略突破，航太學者說，日本和美國可是簽訂有安保條約的，美國還在日本駐軍，日本竟然也可以發展自主太空計畫。台灣跟美國沒有官方關係，美軍也沒有駐在台灣，台灣竟然連發展自己的載運火箭都遮遮掩掩。也因此，說到中國2007年1月12日，自己發射彈道飛彈打太空垃圾，展現太空戰

略實力，軍方也幾乎都在狀況外，覺得「反正有美國擋著，不用擔心」。

　　太空中心一位曾經待過中科院的資深研究員描述，包括國防部、國安局的人也常來太空中心，但是對於太空戰略幾乎都不很重視，不然就用美國當藉口，因為美國想限制台灣發展太空戰略。而一些傳統的國防部軍事將領，也只對陸海空作戰有興趣，對於脫離三軍種本位的太空領域，則幾乎毫無概念。

　　另一位也待過中科院，甚至參與過台灣自製彈道飛彈（青蜂、天馬計畫）的太空中心資深研究員則認為，南韓的太空計畫起步遠遠落在台灣後面，但是南韓已經要在2008年，於國防科技城羅老島，發射第一個載運火箭，讓人非常感歎。

　　台灣已經做出射程1,700多公里的天馬飛彈，早在幾年前就可以自己發射衛星了，可惜沒有整體太空戰略構想，白白虛度光陰。

　　雖然國家沒有整體太空戰略，但是太空中心的成員依舊憑著有限的資源與空間，奮力掙出台灣太空科技發展的契機。

太空中心官員說，當年福衛2號衛星，整個計畫從1990年代開始發展，原本準備採用德國衛星，結果案子到了最後，德國政府一個「不准出口敏感科技給台灣」禁令，整個合約泡湯，計畫到了最後關頭卻「歸零」。

參與過福衛2號計畫整個過程的這位官員表示，台灣沒有正式國家身分，在國際合約談判上有非常多委屈，都默默吞下去，整個計畫全部從頭開始，我們也照做，在太空中心的案子，幾乎可以說做99次白工，大概終於會有一次有用。台灣整體的太空科技困境，可從這個小環節一葉知秋。

儘管困境重重、士氣低落，但是台灣的太空科技還是在緩慢蓄積能量中，雖然被外界忽視，但是代表台灣飛行在地球軌道上的福衛2號、3號衛星，依舊不斷有亮麗成績表現。

2006年10月，福衛2號成功進行「極限取像」工作，拍到美國的南極亞孟森斯科特研究站（Amundsen-Scott South Pole Station），這對於目前在地球上空的絕大多數衛星來說，幾乎是不可

能的任務。

官員說，一般人會以為，怎麼可能連美國都做不到？確實是如此！因為福衛2號軌道夠高且視角夠大，可以延伸到極區進行即時影像攝影，別以為美國的衛星，都像電影《全民公敵》（Enemy Of the State, 1998）演得那麼神奇！

2006年才發射升空的福衛2號，堪稱目前世界頂尖的影像衛星，也因為擁有這些技術，才能獨步全球拍到北韓核試照片。拍到南北緯90度極點的高解度衛星影像，對國際極區年（International Polar Year, IPY 2007-2008）的活動，以及全球暖化的研究意義重大。

太空中心官員說，當初構想福衛2號的功能，就希望這顆衛星能夠專門在台灣上空為台灣守候，所以用最先進的即時遙測影像科技，希望能夠將台灣這塊土地的一舉一動清楚呈現出來，沒有想過台灣以外的問題。

但也因此最優秀的技術與企圖心，在偶然間創下多個世界紀錄，不管是拍到北韓核試、伊朗核武設施，美國卡翠娜颶風肆虐等影像，都不是

當初爲了守護台灣天空的意思，但是也因爲想要
給台灣最好的這個念頭，讓台灣「很自然地就進
入全世界」，在地球上飽受國際忽視的台灣，卻
也意外在太空領域找到一片天。

星戰計畫與飛彈防禦

　　台灣的3項軍購特別預算案，原本是專業的
國防規劃問題，卻在民進黨執政8年的時間，因
爲朝野惡鬥因素，轉而變成政治問題，嚴重影
響台灣未來10年的國家安全。雖然外界比較矚
目潛艇與P-3C反潛機的項目，對於愛國者3型
（PAC-3）飛彈防禦系統，似乎無關痛癢。

　　但是在中國、北韓的彈道飛彈威脅不斷升
高，中國藉著2007年解放軍建軍80周年的時刻，
刻意公布自製的新式東風25型彈道飛彈，都讓西
太平洋的飛彈防禦壓力，越來越高。日本與南韓
都已經購買愛國者3型飛彈，加入美國的西太平
洋飛彈防禦網，目前台灣則是失落的一環。

　　據了解，美國曾經強烈建議台灣，將愛國

者3型反飛彈系統特別預算，改列國防部年度預算，以降低軍購困難度，但是台灣軍方一方面沒有彈道飛彈防禦的企圖心，另一方面「看報治軍」，害怕國會與媒體壓力，也對愛國者3型飛彈的獲得無關痛癢，讓美方非常焦慮。

愛國者PAC-3反飛彈系統斷炊，是台灣國防採購政治化的開始。（by 陳宗逸）

　　美方消息人士認為，愛國者3型飛彈在台灣要過關，除了預算問題之外，還有無法抵擋的政治困境。

　　愛國者3型飛彈的部署，在西太平洋周邊都屬於政治性問題，2004年底，愛國者3型飛彈在南韓試射成功，對於北韓甚至中國的威嚇意義不言可喻，台灣朝野激烈對立的焦點，在於愛國者3型飛彈的技術尚未成熟，事實上此並非問題的

實際焦點。

美國一直強烈希望台灣軍方，將愛國者3型改列年度預算，事實上也可能讓愛國者3型的採購，面臨台灣三軍傳統的軍種本位主義預算編列競爭，在軍方內部遇到消極反抗的壓力不斷增加。

此外，2004年總統大選同時舉辦的反飛彈系統防禦公投，得到的反對民意更讓美方感到不可抵抗，「甚至連馬英九都不知道要怎麼解套」。

政治因素複雜，導致美方最不看好愛國者3型的順利採購，原本美國在台協會內部有關愛國者3型飛彈採購的人事，也已經「縮編」，相關人事問題顯示出，美方對於在台灣部署愛國者3型的期望，已經降低，甚至短期內不抱持希望。

鑒於台灣無法在短期間內更新武器裝備硬體，美方希望台灣軍方先一步以編列年度預算的方式，短期內大量更新現有武器裝備的軟體，幫助老舊裝備提升效能。

這個稱為「平台代管」（Re-hosting）的想法，是一個電腦工程專有名詞，意思是指利用

軟體程式的重新編寫,以及關鍵零組件的大幅更換,有效提升台灣軍方現有武器的資訊處理效能,在先進硬體裝備無法即時獲得的尷尬真空期,先進行軟體的性能提升,甚至可以同時「與美軍接軌」。

「平台代管」的工作,目前日本與南韓都在積極進行,只有台灣軍方對此毫無動作,讓美方相當憂慮。

「平台代管」是一個專業度極高的工程,以台灣擁有世界部署密度數一數二的鷹式(HAWK MIM-23)改良型中低空防空飛彈,硬體系統已經40多歲,如果無法短期內全面替換先進的類似SL-AMRAAM/HMRAAM等主動中程地對空飛彈,先將鷹式飛彈的系統進行「平台代管」,飛彈的反應時間也可以有相當長足的進步。

一些軍事預算比較緊縮的北約盟國,都有類似的龐大更新計畫,台灣面對相同預算困境,這是可以短期內有效提升現有武器裝備效能的方法,但是台灣軍方一向喜歡真實的硬體武器,基於此種心態,對於軟體效能的改進空間不是很有

興趣。

自從1998年北韓試射大浦洞1型（Taepodong
1）短程彈道飛彈之後，日本防衛廳就開始傾全
力，加入美國戰區飛彈防禦的研發計畫。

由於日本國內特殊的政治環境與島嶼防禦
戰略，日本初始將彈道飛彈防禦的發展方向，限
定在海上發射平台，也就是利用日本海上自衛隊
的金剛級神盾驅逐艦，配載美國海軍所研發的
NTWD（Naval Theater Wild Defense）海基彈道飛
彈防禦系統，也就是標準3型飛彈（SM-3），以
此達成目標。以美國研發彈道飛彈防禦的龐大經
費結構來說，日本算是NTWD幕後的最大推手。

北韓在2003年，也就是當時南韓新任總統盧
武鉉就職前夕，針對日本海域試射蠶式（SS-N-2
Styx /CSS-C-2 Silkworm）地對地飛彈，一度引起
東北亞情勢緊繃。陳水扁總統在當時接見前美國
在台協會理事主席卜睿哲的時候，針對北韓效應
以及台灣飛彈防禦的迫切性發表談話。他說，北
韓飛彈試射事件，正好凸顯美國積極倡議建構的
戰區飛彈防禦系統（TMD）的必要性。

　　事實上，美國在布希政府上任後，對於台灣防禦的重視已建立一套全新的標準，史無前例的關切台灣，是否有足夠能力抵抗中國飛彈威脅。

黃埔軍魂玩死愛國者

　　融合高敏感科技與國際政治勢力板塊移動的飛彈防禦系統，雖然早在柯林頓時代就已經啓動，但在布希總統8年任期，整個系統已經過大幅度的轉型。台灣總統府國安會官員，也多次低調率領智囊與學者，參與重要國際研討會，蒐集最新資訊，以了解飛彈防禦科技目前的發展。

　　相對於民進黨政府的積極態度，台灣軍方卻自有另一套標準。台灣國防部一向充滿黃埔精神，對台、美、中關係敏感性認知膚淺，又對國際政治不了解，缺乏足夠素養的文人領軍，讓純軍校畢業的職業軍人胡作非爲，沒有資訊化概念，對於高階科技發展認知有限，對於美方急欲提供的飛彈防禦科技，一向給予「冷處理」。

　　表面上藉著媒體放話，嫌美方科技尚未成

熟，不宜貿然投入，另一方面也透過管道私下抱
怨，美方強銷裝備給台灣，是軍火霸權。愛國者
3型飛彈竟然在台灣被「做死」，也創下世界紀
錄。

軍方的態度，在民進黨政府沒有能力領導
的情況下，也是台美關係至2007年降至冰點的關
鍵。美方不斷關注台灣文人領軍的啟動，也導因
於此。

但是令人無法忍受的是，竟然也有軍方將領
結合民進黨內的親中派，提倡建立所謂「台、中
軍事互信機制」，積極的程度更勝採購愛國者3
型飛彈，抗拒美國提供飛彈防禦保護，卻積極與
中國拉攏，兩相對照形成強烈對比。

至今還有民進黨政客，三不五時提出「軍事
互信機制」來「討好中間選民」，所謂「買飛彈
的錢，不如拿來供學童營養午餐」等語，充斥台
北政壇。

布希政府將柯林頓時代龐大複雜的飛彈防
禦系統，予以相當程度簡化。以往各界熟知的國
家飛彈防禦系統（NMD）與「戰區飛彈防禦系

統」（TMD），已經被布希政府簡化為「飛彈防禦」（MD）。主要的目的，就是在國防預算刪減的考慮下，停止某些科技層次與風險過高的建案。

而在911事件之後，美國本土受非傳統手段的恐怖主義威脅，針對國土的飛彈防禦系統，重要性降低，國土防衛資源，部分已轉移至反恐作戰上。但是，面對中國、北韓、伊朗等國家，針對盟邦部署大規模毀滅性武器，以及越來越精密的飛彈投射能力，針對海外駐軍與盟邦部署的飛彈防禦系統，反而被布希的國防團隊，要求納入屬於以往NMD的高階敏感科技，俾利於更有效攔截來自戰區上空的威脅。

而在戰區飛彈防禦中，地位相當重要的低空層飛彈防禦，也就是愛國者3型反飛彈系統，從2001年開始的多次實彈試射，都獲得不錯的成績，2004年部署在南韓，2006年則部署在日本沖繩。

而美國從2001年開始，就開始透過各種管道，希望台灣一定程度加入系統研發、採購的行

列，不只提升國防層次，也能分擔研發預算，加
入南韓、日本的行列，不要自外於西太平洋防
禦圈外，孰料在台灣朝野政治對立下，愛國者
3型飛彈採購，竟然變成選舉公投議題，而默默
斷炊。其中最該負責的，就是對愛國者3型飛彈
「冷處理」的台灣黃埔軍人。

國防部官員在採購飛彈過程中，多次以不
具名方式，透過媒體與立委，指責愛國者3型的
研發尚未完備，軍方不宜過早投入，一副大義凜
然、抵抗「美帝」的正義使者姿態，也是讓飛彈
採購變成台灣政治亂象議題的關鍵。

層系計畫

而中科院也有一個以天弓飛彈改良型為基
礎、所謂「台灣飛彈防禦」（層系計畫）系統正
在研發中，據說2008年以前會完成，已經多次在
屏東九鵬基地試射過。也因為中科院不時向媒體
放話，尋求國防資源挹注，愛國者3型遭遇來自
軍方與中科院的雙面夾殺，在民進黨政府「看報

治國」的操作下，遂告中斷。

2007年10月10日，軍方公開天弓3型飛彈。（by 王蜀岳）

　　與台灣態度大相逕庭，日本在1999年就已
經投入經費，加入美國軍方海軍戰區彈道飛彈
防禦（Navy Area Theater Ballistic Missile Defense
system，Navy TBMD）研發。根據日本軍事評論
家江畑謙介的說法，當年日本防衛廳為了順利
加入美方研發計畫，甚至想盡方法迴避日本憲法
上，對於此戰略部署的敏感處，先將飛彈防禦的
體系建構在海上，而避免在本土部署防禦系統，
引起政治效應，準備非常周到。

　　而日本的顧慮，就是來自北韓（甚至中國）
的彈道飛彈威脅。為了提早準備，日本早在柯林

頓時代就已經投入大量經費，要求日本海軍的金剛級神盾艦，與美國Navy TBMD計畫結合。如今愛宕級神盾驅逐艦搭配標準3型飛彈就是成果，後續所有的金剛級驅逐艦，也都將配備標準3型飛彈，具備反飛彈能力。

以色列在1991年的波灣戰爭中，飽受伊拉克飛毛腿（Scud）型彈道飛彈威脅，甚至為了想要自己派兵到伊拉克境內摧毀飛彈，差一點與美國翻臉。

波灣戰爭之後，以色列深刻體認到飛彈防禦的重要性，窮一國之力獨立研發箭式（Arrow）飛彈防禦系統，並且以猶太人驚人的爆發力，飛彈系統啟動成軍的時間，甚至比美軍還要早。以色列為了國家生存壓力，遠見非常讓人敬佩。

而美國2003年對伊拉克動武，以色列受到飛彈威脅的壓力增加，美國當時也提早在以色列境內部署愛國者3型飛彈，以防禦伊拉克威脅。部署在以色列境內的愛國者3型飛彈，也在此役中吸收實戰經驗。

而以色列獨立研發的箭式系統，因為性能優

越，早被納入美國的戰區飛彈防禦體系中，美國飛彈防禦署（MDA）的網站中，就有專門介紹箭式系統的網頁。

台灣飽受中國高達上千枚彈道飛彈的威脅，已經不是一兩天的事情，與美國軍方關係密切的《華盛頓時報》，不止一次的在報導中提醒台灣，中國以倍數速度增加在東南沿海的彈道飛彈。

而台灣官方除了2002年以嘉年華會形式，辦了一場「反飛彈、要和平」的活動，倡言「奶頭對彈頭」外，軍方與官方對於高科技投資，還是沒有概念。

多數軍方高階將領，缺乏專業素養，也不了解飛彈防禦系統的狀況，加上軍方針對民間的資訊封鎖態度，台灣的飛彈防禦遂成為朝野政治惡鬥中的犧牲品。在爭相投資的南韓與日本眼中，台灣的表現不能不被稱為異類。

根據台灣軍方的初步想法，要在2010年才正式部署飛彈防禦系統，整個案子甚至可能因為朝野政黨輪替，而隨時喊停。

　　陳水扁總統2001年接受《華盛頓時報》的專訪時，還公開要求美國將台灣納入飛彈防禦系統的架構中，也曾引起震撼，但是事過境遷，台灣如今舉國陷入每年一度的選舉「瘋」潮，民生經濟議題與獨統惡鬥佔上風，國防建軍少有人關注，8年轉成一場空。

　　雖然愛國者3型飛彈的採購一直不順利，甚至遇到台美關係降至谷底而觸礁，但是台灣納入美國飛彈防禦網的思考，在默默之中還是有些另類突破的可能。2007年4月，美國空軍完成了「空載雷射（Airborne Laser, ABL）」首次的空中試驗，彈道飛彈防禦已經進入全新領域。

　　根據美國空軍的說法，一種裝載在747-400貨機上的追蹤照射雷射器（TILL），已經成功的搭載在飛機上，並且對飛彈影像進行照射。美國軍方研發這種雷射武器，瞬間可發出百萬瓦級數的化學雷射，可迅速將彈道飛彈摧毀，主要的作用就是將雷射納入飛彈防禦系統的一環，成為最有效的第一線反飛彈尖兵。

來自天空的雷射

根據美國軍方NMD國家飛彈防禦系統的規劃，空載雷射武器的作用，是在敵方彈道飛彈剛剛開始發射的「舉升」期，速度還沒有太快的時候，從將近300公里遠的距離外，使用化學雷射光束將飛彈擊落。

這個構想從雷根總統星戰計畫（SDI）開始，已經默默地開發將近20年，經歷了國際政治的重大改變，美國反飛彈防禦計畫，已將主要目標從前蘇聯，轉移到北韓、中國這樣的「流氓國家」，而空載雷射的開發，很明顯的以東亞區域的安全為第一考量。

美國前國防部副部長沃夫伍茲（P. Wolfowitz），2001年7月12日向參議院軍事委員會報告，就建議優先將這種即將成功的空載雷射，於第一時間部署在南韓境內，也引起相當側目。

布希政府上台後，以往柯林頓政府時代所規劃的國家飛彈防禦系統，已經有了相當大的急轉

彎，尤其在NMD測試獲得階段性的成功，更讓布希政府如虎添翼。

在布希團隊的眼中，柯林頓時代的NMD無法關照到全球性的安全，所以布希政府在所有NMD談判過程中，將國家（National）的定義加以擴充，讓盟國不再認為NMD針對的是美國本土防禦，反而是一種多國家的共同飛彈防禦體系。這種思考改變，也是NMD引起俄羅斯與中國，特別是中國強烈關注與抗議有關。而最相關國，就是台灣、日本與南韓。

也因此，布希政府積極的將NMD的定義跨向多國聯盟（當然，也意味著多國一起負擔成本），在柯林頓政府時期備受冷落的ABL空載雷射這種跨國象徵意義強烈的計畫，立刻進入緊密的驗證與部署。

根據美國空軍的構想，美國至少要擁有7架的ABL飛機，其中2架執行全天候的任務，而另外5架則必須具備24小時之內 趕赴全球各地接戰的能力，以達到美軍在後冷戰時期「全球機動，全球到達」（Global Reach）的最高原則。

ABL空載雷射反飛彈系統，2007年4月已經測試成功。
（MDA）

　　一旦ABL到達衝突區域，要立刻可以上線
執行任務，而所有的美國盟國，都必須納入以美
國為主的飛彈防禦體系，共享即時資訊與情報，
才能提供飛彈防禦第一時間的反應效果。台灣好
不容易將部署1到2座長程預警雷達（鋪路爪Pave
Paws），也是這個重大壓力之下，硬擠出來的一
點參與熱情。

　　也因為這種新世紀的戰略部署，台美之間
在民進黨執政8年期間，最重視的焦點，都鎖定
在台灣軍方C⁴ISR指管通情系統的轉變，包括訓
練、人員素質、軍隊組織、情報獲得與戰場即時
訊息共享，都是美國硬押著台灣面對改革，也最

關注的軍事議題。至於新武器的獲得與否，反正都是在商言商，是預算的問題，關注度不高。

美國這樣的態度，當然是因為對「台灣納入全球飛彈防禦體系」的關切！而ABL進度順利，第一個得到好處的，就是飽受彈道飛彈威脅的台灣。但是如果沒有指管通情系統的台美連線，則這些進展都會將台灣排除在外，美方8年來的關注焦點關鍵在此。

台灣目前的處境，比冷戰時期的古巴飛彈危機還要嚴重，中國部署在東南沿海的戰區彈道飛彈，射程雖然有限，但是涵蓋了台灣全部區域。要對付這樣的威脅，除了台灣自掏腰包「納入全球飛彈防禦體系」之外，就是發展自己的大規模毀滅性武器，形成戰略嚇阻力，解套方式不多。納入美國的全球飛彈防禦體系，台灣軍方還是必須面對「軍事事務革命」（RMA），說來說去，還是人力資源（HR）的問題。

美國軍方在2001年，出售給台灣陸軍一整套的數位通訊情報系統，其實就是最新指標，希望台灣能夠改善軍事人力資源，與戰場管理能力。

早在ABL計畫研發之初，美國空軍官員就在華盛頓放話，ABL的首要對手，並不是能夠威脅美國本土的遠程洲際彈道飛彈，而是目前在全球肆虐的戰區短程彈道飛彈，飽受這種飛彈威脅最厲害的國家，不用明說，指的就是台灣！

依照「全球機動，全球到達」的戰略指導原則，台灣甚至不需要購買ABL，只需要將指管通情系統與美軍連結。緊急狀況時，駐在關島或者南韓的ABL，自然可以在遠距離外，將中國本土發射的彈道飛彈，在舉升時期就擊毀在中國境內，而其餘漏網之魚，則有待台灣的愛國者飛彈與天弓飛彈兩種反飛彈系統收拾，甚至還有停在東部外海的神盾艦可以指揮全局！ABL試飛成功，帶來非常巨大的政治效應，卻在台灣少有人討論，讓人不解。

日本不會坐視中國犯台

一群退役的日本自衛隊將領，在2006年的228事件59週年前夕，共同發言支持防衛台灣，

並且希望台灣人民能夠清楚知道台海目前的局勢
險惡，認清中國武力侵台的必然性，支持進一步
的軍事採購，才能防止類似228事件的慘案，再
度發生。

　　發言的將領包括航空自衛隊的佐藤守
（SATO Mamoru）、海上自衛隊的川村純彥
（KAWAMURA Sumihiko）以及陸上自衛隊的松
村劭（MATSUMURA Tsutomu）等人，李登輝前
總統也發表書面談話，認為「228事件中，台灣
人第一次體認到中國人的殘忍性格，並且開始對
中國幻滅，從2005年3月的『反分裂國家法』中
更可以看出，中國侵略台灣的明顯企圖。中國
的野心，在於確立其在亞洲與太平洋地區的霸
權」。

　　日本李登輝之友會的會長小田村四郎也指
出，「國民黨現在已經放棄反共了，『容共反
日』的姿態越來越明顯，對台灣來說，面對的不
只有來自中國的威脅，內部的危機也不容大家忽
視」。

　　台灣國防部2006年公布衛星照片，明確指出

中國已經開始進行航空母艦戰鬥群的組建，未來並極可能會陸續從俄羅斯引進類似Tu-22M3逆火式（Backfire C）轟炸機等戰略性威嚇武器，以利對抗未來美國或者日本將會干預中國對台動武的戰略威脅。

前自衛隊將領說，航空自衛隊將擊落武力侵台的中國戰機。（U.S.A.F）

此外，中國最新自製的商級核動力攻擊潛艇已經在2000年下水，至今起碼有2艘已經服役，配備相當有威脅性的SS-N-22改良型超音速潛射反艦飛彈，中國的戰略威嚇能力不斷提升。

海上自衛隊的川村純彥將軍對此感到相當憂慮，他認為中國核武力對台灣最大的威脅，除

了陸基型彈道飛彈之外，就屬來自水底下的核彈頭，日本對此相當重視，他從日本國家利益的觀點看此問題，認為台灣目前的準備非常重要。

另一位海上自衛隊的村元海將補則認為，目前日本與中國之間，對於東海海上主權，特別是油田問題，是亞太危機的重大問題，日中之間的戰略平衡很重要，也會影響到台灣的安全。

日本將擊落中國戰機

川村純彥將軍呼籲台灣人民與政府，必須要積極進行先進軍備的引進，因為中國的潛艇武力不斷的加速升高威脅，新一代的水下武裝速度與質量都以等比級數的速度進步，以台灣目前的水下作戰能力，已經呈現失控的狀態。

中國的水下武力威脅，也是未來美國因應台海局勢，在支援台灣的時候最可能遇到的困難，他認為台灣必須要迅速引進類似P-3C這種先進長程的反潛機，以及加強現役艦艇的反潛武力，才能對此戰略天平的傾斜有所因應。也只有迅速引

進先進反潛武力，台灣在未來才能與美日共同聯合，抵抗中國的水下威脅。

而來自航空自衛隊的佐藤守退役空將表示，中國對於爭取台海制空權，早就展開了有計畫的謀略，未來一旦台海有事，台灣必須要取得制空權才可以，但是以台灣空軍目前的戰力，在下一代戰機的規劃目前因為軍購預算難產，而毫無進展的時刻，中國的下一代戰機數目將在2008年超過台灣，是目前相當嚴重的威脅。

佐藤將軍對中國空軍的現狀進行詳細分析表示，中國空軍對台的攻擊，在於其意圖與能力的累積，台灣不可忽視空軍實力正在傾斜的危機，中國空軍如果偷襲台灣東海岸，必須要經過日本的防空識別區，如果中國有此意圖，日本航空自衛隊會將中國戰機擊落。

佐藤將軍日前也曾經遠赴中國參訪，在被中國方面問到，「如果中國對台動武，日本會如何因應？」佐藤將軍斬釘截鐵的回答：「我認為日本將會出擊！」

而來自陸上自衛隊的松村劭將軍則進一步指

出，未來中國以「登陸侵攻」犯台的可能性，實在非常低，但是除了登陸以外，中國還有很多種方法對付台灣，台灣軍方必須要對此有所因應。

松村劭將軍認為，就地緣政治學的角度來看，中國與台灣根本就不可能「和平統一」，他希望台灣人民必須要認清這一點事實。此外，台灣政府要引導人民，針對國家的緊急狀態多加討論，並且要想辦法加強台灣內部的團結，否則現在台灣內部「以商逼政」的情勢正在傾斜，政治受到經濟的影響相當嚴重。

松村劭將軍說，「政治有國界的存在，經濟卻沒有，用經濟來影響政治達到『一致化』是荒謬的想法」，他呼籲台灣政府要保持冷靜，不可讓經濟問題影響到政治處理。松村劭將軍認為，目前礙於憲法第九條規定，日本自衛隊並非處於正常狀態之下，未來一旦有事，情況應該與現在不同。

事實上，美國國防部每年發布的「中國軍力報告（Annual Report on the Military Power of the People's Republic of China ）」，都不斷的在推

演、預估中國武力犯台的可能性。每年都引起軒然大波的報告（2001年名為「台海安全評估報告」），是根據美國「國防授權法案（National Defense Authorization Act）」，由美國國防部每年向國會提出。

歷年的報告中不斷強調，從中、長期來看，如果台灣無法持續換裝先進的武器裝備，則台海優勢將在2010年逆轉。如果中國對台動武，解放軍的目標是以快速的行動摧毀台灣戰鬥意志，進而達成政治解決目的。

所以，目前中國所可能採取的行動，重點應該是擺在「速戰速決、避免擴大衝突、防止第三國介入」上面，這一種戰略，必須密切配合包括飛彈、資訊戰、特種部隊等多軍種協同作戰、資訊交流、整合、管制等能力，美國國防部認為，中國在可見20年之間的未來，可能尚缺乏全面進行這一種作戰的能力。

中國缺乏大量精確武器

參考1991年美軍在波灣戰爭中所獲得的經驗後，美軍歷次的國際聯合作戰，要在短期間內先制精確打擊，光是戰斧巡弋飛彈，沙漠風暴行動中就用了323枚，科索沃危機中用了540枚，在第二次波灣戰爭後，美國海空軍還緊急訂購超過1,200枚的戰斧巡弋飛彈。

中國缺乏短時間大量生產精密導引武器的能力。
(U.S.Navy)

除了巡弋飛彈外，美軍在2001年的入侵阿富汗作戰中，光是JDAM衛星導引炸彈，就用掉

7,000枚，而這幾年，美國海軍也開始驗證下一代的JSOW距外精準炸彈，這些精準武器的大量消耗，代表中國對台灣的先制打擊，最主要的關鍵在於「錢」。環顧目前全世界，有能力投射大量的距外精準武器，短時間摧毀大規模戰略目標能力的國家，目前也只有美國。

科索沃危機中，美國與盟國擁有800架次世代先進戰機，進行高達6,000次空中攻擊，還沒有辦法全部消滅塞爾維亞軍隊的戰略目標。而中國直到2007年，如果採購順利，有資格稱得上同10年前美軍次世代先進戰鬥轟炸機，就只有中國向俄羅斯購買的Su30MKK中長程戰鬥轟炸機，總數不過100架。而台灣空軍與防空砲火的實力，也遠非10年前塞爾維亞軍隊所可以比擬。

其次，中國目前的所有戰略性精準攻擊武器，特別是外界稱號為「紅鳥」（HN-1）的巡弋飛彈，以及海軍用的長程C602、超音速C803面對面飛彈等，數量究竟有多少，目前還是謎。以中國自製飛彈，邊生產邊研改的動作，飛彈構型即使項目繁多，讓人眼花撩亂，似乎數量很多，

事實上有部分也是假象。

2002年的評估報告，很大的部分著墨在台、中雙方人員素質的問題上，也引起側目。特別是台灣，美國認為不論是士氣或者是專業訓練，台灣都相當缺乏，已經形成一種危機。

中國方面雖然也是缺乏訓練與專業度，但是在士氣方面沒有問題，台灣則不同。另一方面，中國實施的兵役制度幾乎可以說是募兵制，士兵的服役意願高，在作戰能力方面可能優於台灣。

台灣民進黨政府，為了拉攏軍方保守勢力，8年來做了相當多被形容為「縱容」的作為，要指望民進黨政府針對人的問題做出大動作革命，在每年一選舉，處處要選舉，看報看電視治國，到處討好的情況下，短期之內並不可能，更違論要民進黨政府依照2000年總統大選前提出的「國防白皮書」施政，更如空中樓閣。

美軍推測，中國可能對台灣採行的軍事行動，是結合特種部隊、飛彈攻擊、資訊戰等非正規行動，針對這一種武力模式，台灣目前以義務役士兵為主的兵力結構，也無法有效因應，而軍

方近年來才開始重視特種部隊的編裝，也因為軍種本位主義的影響，而瞻前顧後。類似海軍爆破大隊（UDU）這種「具備攻擊性」的三棲特種部隊被裁撤，多年來一直無法獲軍方應有的重視與享有應得的優渥預算，相當可惜。

封鎖台灣？

關於「封鎖戰」方面，美國軍方這幾年來也認為，現階段反制中國封鎖能力方面，如果沒有美日盟邦的協助，台灣自己「很難反制」。

台灣雖然擁有現代化的海軍船艦，但是在掃獵雷能力方面，還是嚴重缺乏。為了因應封鎖戰，台灣海軍應該將採購重點擺在獵雷機艦、反潛機艦以及潛艇上。目前為止，台灣要買到潛艇的機會並不大，原本台灣也有要自己造潛艇的意見，但即使中鋼10年前已經提煉出可以提供潛艇艦身使用的耐壓鋼材，但是對於建造潛艇最具關鍵性的艦上系統整合的科技能力，單憑中科院可能還是問題重重。

　　也因為這個科技整合能力的困難度，世界上能夠獨立研發潛艇的國家畢竟還是少數。目前台灣要獲得潛艇，還是以德國製209式潛艇，在美國造船廠製造的可能性比較大，209潛艇應該是目前世界上最暢銷的中、小型柴電潛艇，包括韓國、新加坡、印尼等國家都有使用，而以色列具備潛射巡弋飛彈能力的海豚級潛艇（INS Dolphin），也是209潛艇的姊妹作。

　　除此之外，封鎖戰雖然很有可能是台灣的罩門，但是這個罩門之所以會形成，相當程度要怪台灣海軍一直提不出定位清楚的戰略。海軍對於反封鎖戰的認知，就是要與敵方主力艦隊進行決戰，但是這個戰略對於解除台海的封鎖危機並沒有很大的幫助。

　　其實，台灣海軍應該參考日本海上自衛隊的先例，建立有效的反封鎖策略。日本海上自衛隊的反封鎖戰術，是以「護航」為主，重點在於護衛商船突破封鎖線來維持航道暢通，並沒有要與敵人主力艦隊對決的意思，而海上自衛隊一切的武裝都是為了這個目的而建構，這個清楚的戰略

構想，非常值得台灣海軍建軍參考。

　　封鎖戰牽涉複雜的國際法規定，中國目前也沒有全面封鎖台灣的能力。但是對照史上一些封鎖戰例子，中國可以選擇的方式還是很多。

突破中國封鎖戰術，台灣應該效法日本經驗。

　　最具衝突性的，就是類似德國第一次世界大戰所實施的「無限制潛艇政策」，不論是商船或者軍用船隻都是它攻擊的目標。另一個低度衝突

的例子，就是「古巴危機」中美國海軍的做法，美軍針對所有接近古巴海域的可疑船隻，實施「檢疫（Quarantine）作戰」，用來騷擾敵方，也相當有效，台灣應該可以從這一些例子上來考量反制戰術。

針對中國特種部隊的入侵，除了台灣本身必須具備同等的特種作戰能力之外，海岸巡防的能量也有進一步加強的必要。台灣對於特種作戰的認識，直到911事件之後，軍方才開始「土法煉鋼、照本宣科」一番，對於未來民進黨與國民黨，不論誰執政，都可能端出「通航」大菜，台灣空域全面開放，「木馬屠城」的斬首場面，絕非只是暫時的選舉語言而已。

台北木馬屠城記？

台北松山機場是否可以變成台、中「直航機場」？2002年曾經伴隨著台北市長選舉的白熱化，從原本純粹的軍事安全問題，降低層次為政黨口水戰。所謂「木馬屠城」的隱憂，也從此而

來。

　　國防部多次在立法院公開宣稱，松山機場如果成為馬英九嘴中唸唸不忘的直航機場，對於台北政府中樞地區的衛戍工作，有不利的影響。而當時在野陣營卻將這個攸關國家安全的憂慮，視為民進黨「打馬」的策略，反而對機場保安、中國攻台特種作戰以及首都保衛等安全問題的嚴謹討論，甚少理性論辯。

　　而民進黨政府對於這個攸關國家安全的重大問題，也因為陷入媒體效果與口水戰迷思，沒辦法說清楚，論述能力出問題。

　　松山機場是否有可能會變成「木馬屠城」的發生地？以目前軍方部署的博愛特區週邊防護工作，當時連國民黨的帥化民都說，「只要1隊21人的突擊敢死隊，花10分鐘左右，就可以攻佔總統府」。

　　所謂的「木馬屠城」戰術，起源於特洛伊戰爭的歷史典故，近代主要來自幾個戰例。以前蘇聯在冷戰時期的入侵行動為例，1968年前蘇聯入侵捷克的布拉格之春事件（Prague Spring），以

及1979年入侵阿富汗的行動，都是典型利用機場特攻作戰達到戰爭目的的經典例證。

1968年的布拉格之春事件，前蘇聯派遣特種部隊以欺瞞塔台的手段，使用民航機載運Spetsnaz特種部隊，迅速佔領捷克首都機場，隨即與潛伏在布拉格的「第5縱隊」特工合作，短時間內拘捕開放派捷共領導人杜布契克（Alexander Dubcek），並且加以軟禁，進而瓦解捷克民主運動。

1979年，蘇聯再度入侵阿富汗，在首都喀布爾機場的進行特攻，完全如出一撤，當時KGB（國家安全會議）特別行動隊Alpha小隊，在佔領喀布爾機場後，立刻直搗總統府，刺殺阿富汗強人總統阿敏，展開蘇聯佔領阿富汗將近10年的序曲。

這二次戰例證明，機場設在首都，對於衛戍作戰有不良的影響。中國人民解放軍的特攻作戰，全部師法前蘇聯特種作戰的戰術，機場特攻在共產國際時代，是蘇聯介入、佔領他國的利器，中國也學習了不少訣竅。

　　除了「木馬屠城」的威脅外，空中管制的影響，也是松山機場是否可以「直航」的另一隱憂。交通部運研所在2001年12月，曾經出版過一份「兩岸直航之安全問題研究」報告，以歷史上重要的類似事件為參考，研究直航後中國攻台各種戰術想定的可能性。

執行台北木馬屠城戰，中國特種部隊值得台灣關注。
（U.S.M.C）

　　運研所的報告中，列舉以色列1976年突擊烏干達首都恩得比（Entebbe）機場，拯救人質的特種行動，以及1981年以色列空軍突破週邊阿拉伯國家的空中管制，突襲伊拉克核子反應爐的「巴

比倫」行動，極具參考價值。

保護總統！

　　突擊烏干達的行動，經歷長達7個小時的飛行，以色列空軍4架C-130運輸機一路飛越紅海、埃及與蘇丹等國，為了欺騙這些國家空中管制員，以色列還特別安排會說阿拉伯語的飛行員與其周旋，在各國空中管制無法辨別的情況下，竟然讓以色列空中突擊隊機隊，順利飛越敵國國境，降落在烏干達首都恩德比機場，進行90分鐘的拯救人質突擊行動。前以色列總理納坦亞胡的胞兄，還因為恩德比行動，因公殉職而成為國家英雄。

　　1981年的巴比倫行動（也有稱歌劇行動，或者Ofra行動）更是震驚世界，以色列空軍14架F-15C與F-16A戰鬥機，飛越約旦、埃及與伊拉克領空，神不知鬼不覺重創伊拉克剛剛蓋好不久的核子反應爐，如入無人之境。這也象徵，空中管制員在疏忽之間，極容易造成國家安全危機的例

證。

　　以色列只利用通曉阿拉伯語的飛行員，就完成欺瞞行動。對照台灣空中管制員，面對同樣講北京官話與英語的中國特攻飛行員，是否能夠有效辨別，甚至在通航的政治大氣候下，心防瓦解而沒有危機意識，都是台灣的安全隱憂。

　　機場安全防衛以及空中管制，必須要有完整的配套措施，台灣目前在這方面還付之闕如。從多次疑似空中管制疏忽所造成的空中交通狀況、甚至空難，即可看出。但是，也不會因為空中管制與機場安全防禦配套完善，中國就沒有機會突襲首都中樞。

　　台北的首都防衛本身就有缺失，加上軍方一直以來的文化是一種「被動性的策略」，有問題才找解決方案，一個蘿蔔一個坑，這樣就算松山機場遷建，台北中樞地區還是危險重重。反過來說，如果軍方有預防性的策略思考，配套措施完整，即使松山機場成為直航機場，在戰略上並無不可！也就是說，機場安全問題與首都安全問題，在現階段應該分割來觀察。

　　以現階段而言，總統府週邊博愛特區的防禦，甚至可以直達衡山指揮所這一段，目前是由憲兵202指揮部負責防務，以該部隊目前所擁有的防禦武器，實在薄弱的不可思議。而負責總統府防禦的，還包括國家安全局特勤中心的隨扈，區區數百人，沒有任何重型武器，防禦總統府的準備功夫幾乎等於零。

　　以美國華盛頓特區來說，包括白宮、國會大廈與國防部五角大廈上空，目前劃定為嚴格的禁航區，負責白宮防務的財政部密勤局（Secret Service）幹員，除了有各式輕重兵器維護總統人身安全之外，還配備對空飛彈。

　　一旦狀況發生，不明飛機類似911事件意圖衝撞白宮，密勤局幹員還可以用人員攜帶型的刺針飛彈，立刻將飛行器擊落。但是對照白宮的環境，台北總統府週邊屬於人口稠密住宅區，要將狀況拖到在總統府上空擊落飛機，恐怕也有問題。

　　憲兵202指揮所只配備裝甲車，作戰能力恐怕比服裝儀容整理能力還差一大截。憲兵的作戰

能力薄弱，與軍方傳統的要求有關。

軍方一直將憲兵當作儀隊來使用，只注重服裝儀容，配套戰鬥技巧付之闕如，大部分皆為強制徵兵來的小朋友，經驗不足，在關鍵時刻要能夠抵抗中國特種部隊強攻總統府，恐怕毫無招架之力。

中國特種部隊以區區數人，一旦控制憲兵202指揮部，即可控制從總統府、國防部博愛大樓到衡山指揮所這一系列的重要中樞地區，情況恐怕不樂觀！這也是近幾年，軍方將海軍陸戰隊調到林口台地，就近支援台北首都衛戍工作的關鍵，憲兵是否要配備重武裝，未來在雲豹甲車服役後，應該要有進一步的討論。

台北衛戍工作形同虛設，這也是國防部多次擔憂松山機場一旦開始直航，恐怕情況會如雪上加霜，前國防部軍政副部長康寧祥還曾經說，「連迫擊砲都可以輕易打到總統府窗戶」。可見松山機場安全的隱憂，已經到了嚴重地步。在政黨口水戰的效應之下，一切為選舉的考量，這些台灣政客應該關注的焦點，恐怕也會不了了之，

讓人憂慮。

台灣國民文化運動
Let Taiwan be TAIWAN

　　台灣人應該覺悟，台灣建國之路，絕不能完全寄望在政黨與政治力量。台灣主體性的根源問題以及台灣國民靈魂的集體形塑和進化，是國家永遠不可動搖的基石，應該從文化奠基，經由社會覺醒才能真正實現。

　　讓台灣成為主權獨立的新國家，讓台灣人受到世界各國的尊敬是台灣運動者的最高目標。在當下媒體與教育的生產和市場價值體系仍受中國文化種族主義信仰的管控下，必須重新啟動台灣知識文化的第二波心靈改造進化工作，重新建構台灣人主體性文化符號價值的生產與市場價值體系，以形塑一代接一代台灣人的靈魂品質。基於此，我們發起「台灣新文化知識運動」，希望海內外台灣人共同為台灣文化根源的生命力播下種籽，直到開花結果。我們建議各位台灣志士共同

以下列方式，一起努力。

一、寫作並發表培育台灣人意識，或啓蒙人類共
　　同普遍價值的心得或研究。
二、發行推動本運動的刊物及網站。
三、捐助推動本運動的資金。
四、每年至少以台幣一萬元購買台灣文史書籍，
　　強化台灣意識。
五、過年過節希望以送書取代禮物。
六、普遍設置家庭圖書館。
七、成立社區讀書會的結盟組織。

〔台灣國民文化運動〕

黃文雄(Ko Bunyu)敬致海內外有志書

各位兄姊前輩：

歷經戰後的60年，建構今日台灣社會的，無疑仍是國民黨的黨國體制和中國的傳統文化，因此，即使政權已經輪替，朝夕之間政治、社會的改革仍然未竟其功，吾人對現政權不能抱持多大期待之處，仍所在多有。

的確，今日台灣社會，是依各種各樣社會、時代背景的要因建造起來的，其中最具強大影響力的，就是完全由中國人執其牛耳的教育及大眾傳播媒體，那是今日台灣實質上的第一權力。現政權也因汲汲於迎合這些歪曲的言論而左支右絀。

不用說，環繞著目下台灣的內外情勢，台灣自身也是問題重重，從台灣人自身的認同問題起至做為國家的國際認知問題，台灣要面對的21世紀的課題確實很多，因此，吾人迄今為止，對以

上的諸問題，非加緊努力不可。

　　就此，數年來，吾等在海外有志之台灣人，一再檢討、討論的結果，獲得了台灣問題相較於政治面而言，文化面實在更為切要的結論。擁有共同的普遍的價值觀固然重要，比此更重要的台灣人的主體性、更進一步的台灣人意識的養成才是先決的要務。

　　培育受世界尊敬的台灣人當然必要，但是決非容易之事，這一點，我們也知之甚詳。

　　本來，這是政府應該做的事情，但是，我們實已不再冀待，於是，我們認為作為一種運動，非致力於所有力量的集結，並考量其意義不可。

　　人的培育，也應從青年開始，更進一步推及到從幼少年開始。

　　沒有大眾媒體的我們，打算從小眾媒體出發。

　　所以，我們決意從台灣國民文化運動開始，以台灣人意識育成運動作為母體，集結所有的力量來踏出我們的第一步。經過數年的嘗試錯誤，從「抱持台灣魂魄」的「新國民文庫」的刊行開

始，慢慢地充實這個運動的內容，一邊展開眾意的尋求和凝聚，這就是我們預定要做的事情。

　　以下三件，是有賴於諸位兄姊前輩具體協力的事項：

　　一、寫作並發表培育台灣人意識，或啓蒙人類共同普遍價值的心得或研究。

　　二、協助推動發行本運動的刊物。

　　三、捐助推動本運動的資金。

　　有關第三點，以日本及美國的有志之士爲始，我們已經獲得50多人的支持，目前贊同人數正不斷遞增中。我們誠盼希望能在2007年底達到100人以上的陣容規模。

　　以上，還乞諸位兄姊前輩不吝惠賜有關推展本運動的具體的卓識高見。

　　衷心祈願您的協力與參與。

黃文雄一同　拜上

台灣國民文化運動

【新國民文庫】出版基金

主催：黃文雄(Ko Bunyu)

計劃：本著台灣精神‧台灣氣質意旨，五年內將出版100本台灣主體意識、國民基本智識、及文化教養啓蒙書。

參與贊助基金：每單位日幣10萬元、或美金1千、或台幣3萬以上。

贊助人權益：基金贊助人名單將於每本新國民文庫叢書上登載。並由台灣國民文化運動總部製頒感謝狀一幀。贊助人可獲台灣國民文庫陸續出版新書各1部，享再購本文庫及前衛出版各書特別優惠。

日本本舖：黃文雄事務所
〒160－008日本東京都新宿區三榮町9番地
Tel：(03)33564717　Fax：(03)33554186
e-mail：humiozimu@hotmail.com
台灣本舖：前衛出版社
11261台北市關渡立功街79巷9號
Tel：(02)28978119　Fax：(02)28930462
e-mail：a4791@ms15.hinet.net

國家圖書館出版品預行編目資料

臺灣可以說不：中國到死都打不下臺灣的幾個理由 /
陳宗逸著. -- 初版.-- 台北市：前衛 , 2007.11
288面；17×11.5公分

ISBN 978-957-801-565-4（平裝）

1. 武器　2. 軍事技術　3. 台灣

595.9　　　　　　　　　　　　　　　　96021179

台灣可以說不——中國到死都打不下台灣的幾個理由

著　　　者	陳宗逸
責任編輯	陸　文
美術編輯	宸遠彩藝
出 版 者	台灣本鋪：前衛出版社
	11261 台北市關渡立功街79巷9號
	Tel：02-2897-8119　Fax：02-2893-0462
	郵撥帳號：05625551
	E-mail：a4791@ms15.hinet.net
	http://www.avanguard.com.tw
	日本本鋪：黃文雄事務所
	humiozimu@hotmail.com
	〒160-0008 日本東京都新宿區三榮町9番地
	Tel：03-33564717　Fax：03-33554186
出版總監	林文欽　黃文雄
法律顧問	南國春秋法律事務所　林峰正律師
出版日期	2007年11月初版一刷
總 經 銷	紅螞蟻圖書有限公司
	台北市內湖舊宗路二段121巷28、32號4樓
	Tel：02-2795-3656　02-27954100
定　　　價	新台幣250元

©Avanguard Pubishing House 2007
Printed in Taiwan　ISBN 978-957-801-565-4